JN094581

新スタンダード栄養・食物シリーズ 17

有機化学の基礎

森光康次郎・新藤一敏 著

東京化学同人

序

　栄養学を学ぶ者にとって 2005 年はエポックメーキングな年であった．第一は食育基本法が制定されたことであり，第二は“日本人の食事摂取基準”が策定されたことである．食育基本法は国民が生涯にわたって健全な心身を培い，豊かな人間性をはぐくむための食育を推進することを目指して議員立法により成立した法律で，世界に類をみないものである．これに基づいて食育推進基本計画が策定され，5 年ごとの見直しでさまざまな取組みが行われている．“日本人の食事摂取基準”はそれまで用いられてきた“日本人の栄養所要量”に代わるもので，国民の健康の維持・増進，エネルギー・栄養素欠乏症の予防，生活習慣病の予防，過剰摂取による健康障害の予防を目的としてエネルギーおよび各栄養素の摂取量の基準を示したものである．これも 5 年ごとに改定が行われている．

　この“新スタンダード栄養・食物シリーズ”は，こうした現代の栄養学を背景に，“社会・環境と健康”，“人体の構造と機能，疾病の成り立ち”，“食べ物と健康”などを理解することが大きな 3 本柱となっている．これらの管理栄養士国家試験出題基準（ガイドライン）の必須詳目だけでなく，健康科学の基礎となる詳目（一般化学，有機化学，食品分析化学，分子栄養学など）も新たに加えたので，栄養士，管理栄養士を目指す学生だけでなく，生活科学系や農学系，また医療系で学ぶ学生にもぜひ役立てていただきたい．

　本シリーズの執筆者は教育と同時に研究に携わる者でもあるので，最新の知識をもっている．とかく内容が高度になって，微に入り細をうがったものになりがちであるが，学生の理解を助けるとともに，担当する教員が講義のよりどころにできるようにと，わかりやすい記述を心がけていただいた．また図表を多用して視覚的な理解を促し，欄外のスペースを用語解説などに利用して読みやすいよう工夫を凝らした．

　本シリーズの編集にあたっては，食に関する多面的な理解が得られるようにとの思いを込めた．わが国の食文化は数百年，数千年と続いた実績の上に成り立っているが，この変わらぬ食習慣の裏付けを科学的に学ぶうえで本シリーズが役立つことを願っている．

　2019 年 8 月

編集委員を代表して

脊　山　洋　右

ま　え　が　き

　食物・栄養学分野の学生は“化学”と名の付く科目に苦手意識のある人も多いだろう。“有機化学”となればなおさらである。しかし私たちが食品や栄養として口にする成分や栄養素はほとんどすべて“有機化合物”であり、有機化学は避けては通れない基礎領域である。とはいえ、この分野でお目にかからない化合物のことまで学ばなくてもいいし、難解な反応機構に挑戦する必要もないだろう。

　栄養学や生化学の中にはグルコースやリノール酸など有機化合物の名称がたくさん出てくるが、単に呼び名を知っていることに大きな意味はない。大切なことは、それぞれ化学構造があり、構造によって性質や反応が決まるという物質観である。有機化学を学ぶことにより、α-D-グルコースという立体表記が意味するところや、魚油中のDHA（ドコサヘキサエン酸）の炭素数と二重結合の数、リノール酸の二つの二重結合が*cis*体（*Z*体）であることを理解できるようになる。クエン酸回路の中で“アセチルCoAとオキサロ酢酸からクエン酸が生成する”ことも構造や反応として具体的に理解できるようになる。われわれは有機化合物を取込み、体内で変化させることで必要な物質をつくり、また、エネルギーを取出している。生命はなぜ最良の栄養源としてグルコースを選んだのだろうか。なぜ脂肪酸からアセチルCoAを取出す方法としてβ酸化を選択したのだろうか。知識の記憶ではなく、疑問を持ち続け、その疑問を解決する基本スキルとして有機化学が威力を発揮することを知ってほしいと思う。

　このような観点から、本書では物理化学（理論）的な内容は最小限とし、有機化合物の構造と命名法、立体化学に関する内容を充実させた。また、反応については、生体内で起こる反応に特化して概説した。記述はできるだけ易しく、学生がつまずきやすいところは丁寧に書くことを心掛けた。半期の講義で教えられることは限られている。食物・栄養系の学生に最低限知っておいてほしい内容にしぼり、できるだけコンパクトな教科書とした。本書の目指すところは、化合物名から構造が浮かび、構造式から化合物名が浮かぶ頭である。レモンの香りであるシトラール（citral）という名称から、アルデヒド基をもつ化合物を想像でき、また、その構造式を見て*cis*体と*trans*体の二つの異性体の混合物であることが理解できれば合格である。

　本書の刊行にあたり、お忙しい中、全章をご査読くださった帝京大学薬学部の橘髙敦史先生に心より感謝の意を表したい。東京化学同人編集部の池尾さんと井野さんは初学者目線で、説明不足を補うことにご尽力下さった。本書を使ってくださる教員の方にも、学生が理解しやすくなるための意見を賜ることができたら幸甚である。

　2021年2月

著者を代表して

森　光　康　次　郎

目　　　次

1 有機化合物の構造と表記

【学習目標】
❶ 有機化学は，身近な食品や生命現象を理解するための重要なツールであることを知る．
❷ 有機化合物の表記には共通ルールがあることを理解する．
❸ 有機化合物の分類（グループ分け）と，それぞれの構造的特徴を学ぶ．

　なぜ，有機化学を学ぶ必要があるのだろうか．その答えの一つを食べ物に関する以下の文中から探してみよう（図1・1）.

● 熟したブドウは甘くて美味しい．
● 潰れたブドウを樽に詰めて保存したらワインができた．
● 瓶に詰めたワインに種酢を加えて常温で保存したら，
　ワインビネガーができた．

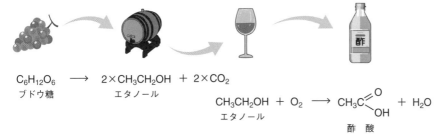

$$C_6H_{12}O_6 \longrightarrow 2 \times CH_3CH_2OH + 2 \times CO_2$$
ブドウ糖　　　　　　　エタノール

$$CH_3CH_2OH + O_2 \longrightarrow CH_3C\overset{O}{\underset{OH}{\diagdown}} + H_2O$$
エタノール　　　　　　　　　　　酢　酸

図 1・1　ブドウからワインとワインビネガーができる

　この短い文章の主役は有機化合物とその変化である．甘いのはブドウに含まれるブドウ糖（グルコース）だし，ワインは樽の中でエタノール（エチルアルコール）が生成したものであり，ビネガーになったのは酢酸が生成したためだ．これらの有機化合物は微生物発酵による産物であり，有機化学反応の結果である．
　"こんなこと知っていて当然"と思うかもしれないが，19世紀以前（わずか250年ほど前）までは成分や成分変化の理解がないまま，伝承と食経験だけでこれらの加工食品は口にされていた．たとえば，みなさんが17世紀に暮らすビネガー職人だったとする．ある年，突然，みなさんが製造したワインビネガーを飲んで多くの村人の具合が悪くなってしまった場合，有機化学の知識がない時代で

みなさんには何ができたであろうか？ 経験のみを頼りに，祈る気持ちで再挑戦することしかできなかったのではないか．有機化学の知識があれば，エタノールや酢酸が正しくできていたのかなど，化学物質での考察が可能となる．生体にとって有害な化学成分の混入を突き止めることができたかもしれない．

19世紀初頭，物質は生物が関わって生まれてくるもの（有機物質）と，関わらずに存在するもの（無機物質）に分類され，有機物質を扱う**有機化学**という学問領域が誕生した．食品や栄養，動植物や微生物，さらにヒトなど“生命体”の活動を理解するには有機化学の基礎知識が必要である．有機化学を学ぶことは，有機物質に関わるすべての学問領域の土台部分を学ぶことである．

 1・1 有機化合物とは何か

*　ただし炭酸 H_2CO_3 やその塩類 Na_2CO_3 などは除く.

有機化合物とは炭素原子(C)を含む化合物の総称である*．おもには炭素(C)，水素(H)，酸素(O)，窒素(N)で構成される．食品やヒトの体を構成するさまざまな成分はほとんど，タンパク質も糖も脂肪も有機化合物であり，無機化合物（炭素を含まない化合物）を思いつく方が難しいだろう．今日まで1000万を超える有機化合物が，天然から見いだされるか，あるいは化学合成により作られている．この数は，無機化合物の数万種に比べると圧倒的に多い．これは炭素原子がもつ以下の化学的性質のおかげである．

1) 炭素‐炭素の結合がたくさんつながり，大きな分子を形成できる．
2) 炭素原子の結合手は四つあり，環を形成するなど非常に多様な分子構造を構築できる．
3) 炭素原子の結合は単結合，二重結合，三重結合の3種類がある．単結合と二重結合が組合わさるなど，さらに多様な分子構造を構築できる．

炭素原子が関与する化合物の種類と分子サイズの幅広さという恩恵の中に，私たちが暮らす“有機物質世界”が広がっている．甘い砂糖（スクロース $C_{12}H_{22}O_{11}$）の炭素数が12個，スマホのケースに使われているようなプラスチックの炭素数が数万個〜数十万個，ヒトDNAの炭素数では6千億個にもなる．

 1・2 有機化合物の構造式に関する基本

1・2・1 構造式の書き方（表し方）

有機化合物は，炭素が直鎖状につながったものや枝分かれしたもの，環状のもの，また単結合だけでなく二重結合を含んでいたりする．こういった構造は分子式では表せないので，結合のつながり方を示す**構造式**で表す．しかし，大きな分子では元素をすべて書くだけでも大変である．そこで，示性式や線構造式などの簡略化した表記法が用いられる．有機化合物を表す方法には以下の①〜④がある（図1・2）．

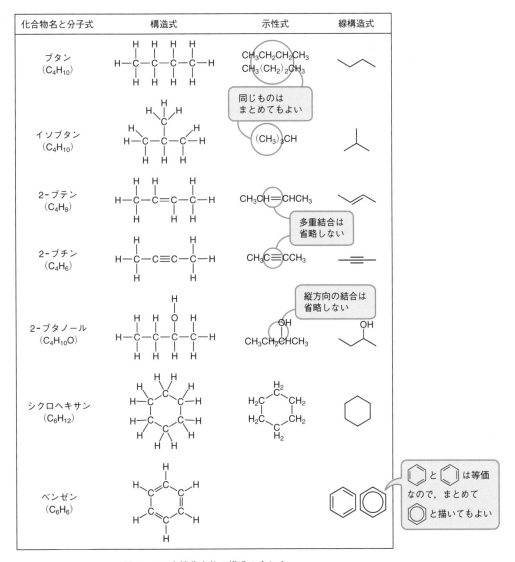

図 1・2 有機化合物の構造の表し方

① **分子式**: 分子中の元素の種類と数を表した化学式. 通常, C, H, N, O の順に元素記号を並べ, これ以外の原子はその後ろにアルファベット順に並べる. 元素の数は下付きの数字で表記する.

② **構造式**: 原子の結合の様子を価標とよばれる線(−)を用いて表した化学式.

③ **示性式**: 原子の集団をまとめ, 単結合を省略したもの. すなわち炭化水素基と官能基を組合わせた化学式となる*. 横方向の単結合を省略することが多い. ただし, 炭素−炭素間の二重結合や三重結合, 縦方向や環の単結合は省略しない.

同じ構造単位を繰返す場合, 繰返し部分を括弧でくくって, 繰返し回数を下付き数字で示してもよい.

* 構造式から官能基だけを抜き出して表してもよい. たとえば $CH_3(CH_2)_3OH$ は C_4H_9OH と表せる.

④ **線構造式**: C を省略して結合の線で表した構造式. 炭素のつながりが理解しやすく, 複雑な構造や環化合物を簡単に表記できるので最もよく使われる.

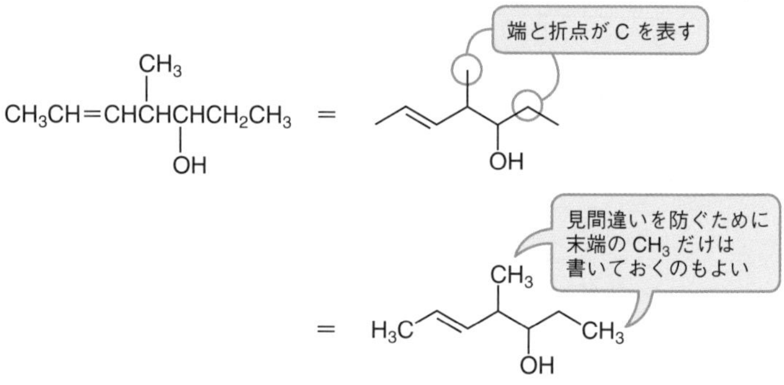

> 端と折点が C を表す

> 見間違いを防ぐために末端の CH₃ だけは書いておくのもよい

*1 折れ線の角度を120°で描くと, 美しい化学構造式が描ける.

*2 立体に関する表記法については第5章で説明する.

　折れ線*1 の末端と交点（または頂点）に炭素原子があるという約束である. 立体表記*2 など特別な理由がない限り, 炭素に結合している水素原子は省略してよい. 水素原子を省略する際に, 結合を残してしまわないように注意する.

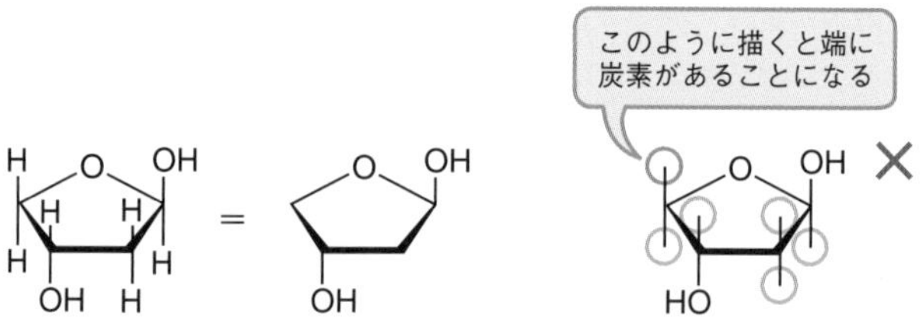

> このように描くと端に炭素があることになる

例題 1・1　下図はコレステロールの構造式である. 右のマス目を利用して線構造式で描いてみよう. 線構造式がいかに便利か実感できるだろう.

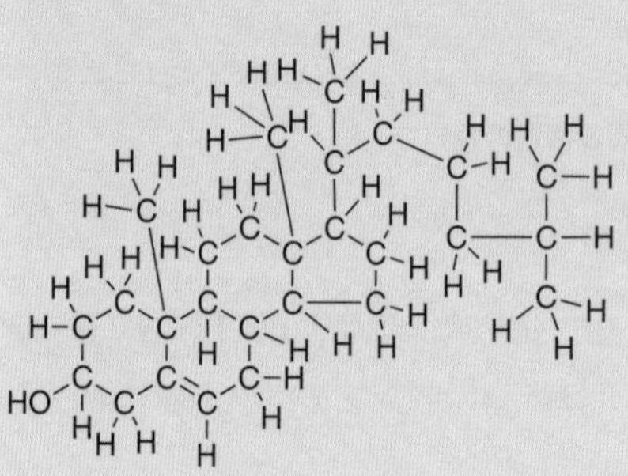

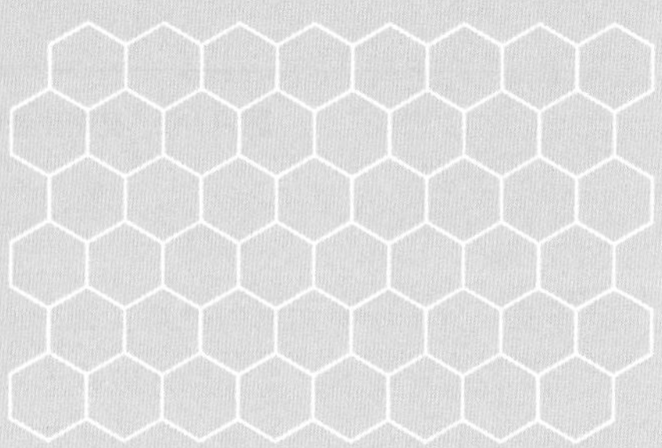

1・2・2 官能基の種類と表記

　有機化合物は, 特定の性質をもつ原子や原子団（複数個の原子からなるもの）を含んでおり, これを**官能基**とよぶ. 同一の官能基をもつ化合物は似た化学的性質を示すことが多い. そこで, 有機化合物は官能基によりグループ分けされ, 整理されている. おもな官能基による分類を表1・1に示す.

　いくつかの官能基には便利な略記法が決められている．たとえば，カルボキシ基やホルミル基（アルデヒド基）においては二重結合が省略可能で，それぞれ –COOH（–CO$_2$H とも書く），–CHO として書くとわかりやすい．

表 1・1　有機化合物の分類と官能基

化合物の分類	官能基の名称	官能基の構造とよく使われる略記法	化合物例	
アルコール	ヒドロキシ基	–OH	CH$_3$CH$_2$OH　エタノール	酒や消毒薬の成分
フェノール			フェノール	医薬品原料など幅広く応用
エーテル	（エーテル結合）	–O–	CH$_3$CH$_2$–O–CH$_2$CH$_3$　ジエチルエーテル	麻酔作用あり．発火しやすい危険物
アルデヒド	カルボニル基　ホルミル基（アルデヒド基）	–CHO	アセトアルデヒド	二日酔いを起こす原因物質
ケトン	（ケト基）	–CO–	CH$_3$CCH$_3$　アセトン	高濃度だと毒性あり．除光液やボンドの溶剤
カルボン酸	カルボキシ基	–COOH　–CO$_2$H	酢酸　CH$_3$C	酸味の成分
エステル	エステル基	–COO–	CH$_3$C–O–CH$_2$CH$_3$　酢酸エチル	果物の香り成分
アミド	カルバモイル基（アミド基）	–CONH$_2$	CH$_3$C　アセトアミド	
ニトリル	シアノ基	–C≡N　–CN	CH$_3$C≡N　アセトニトリル	アミグダリンなど –CN を含む化合物は有毒のものが多い
アミン	アミノ基	–NH$_2$	CH$_3$NCH$_3$　トリメチルアミン　H$_2$N(CH$_2$)$_4$NH$_2$　プトレッシン	腐った魚のにおい　腐った肉のにおい
チオール[†]	スルファニル基（スルフヒドリル基）	–SH	CH$_3$SH　メタンチオール	ニンニクを食べたあとのにおい．–SH を含む化合物には臭いものが多い
スルフィド	（スルフィド結合）	–S–	CH$_3$–S–CH$_3$　ジメチルスルフィド	
ニトロ化合物	ニトロ基	–NO$_2$	ニトログリセリン	爆薬であり，狭心症の特効薬でもある
スルホン酸	スルホ基	–SO$_3$H	ベンゼンスルホン酸	

[†]　–SH 基は以前はメルカプト基，化合物名としてはメルカプタンとよばれた．IUPAC の命名法では廃止されて久しいが，なかなか統一されず現在でも使われている．

1・3　有機化合物の基本的な構造

　ここでは有機化合物の基本骨格となる炭化水素の構造と分類を簡単に紹介する．

1・3・1　炭化水素: 有機化合物の最も基本的な構造

　有機化合物の構造は，C と H からなる"炭化水素構造"とそこに"どのような官能基が結合しているか"を考えるのが基本である．図1・3に炭化水素の分類を示す．

　炭化水素の構造は大きく鎖式と環式に分けられる．**鎖式炭化水素**は脂肪族炭化水素ともよばれ，文字通り鎖状に炭素が並んだものである．鎖式炭化水素は，飽和炭化水素と不飽和炭化水素に分類される．**飽和炭化水素**は，単結合だけでつながっている[*1]．化合物名としては**アルカン**（alkane）と総称される．**不飽和炭化水素**は，二重結合や三重結合といった不飽和結合をもつ鎖式炭化水素である．二重結合をもつ不飽和炭化水素を**アルケン**（alkene），三重結合をもつ不飽和炭化水素を**アルキン**（alkyne）とよぶ[*2]．二重結合と三重結合を両方もつ化合物もある．

[*1]　これ以上は結合できないという意味でこれを"結合が飽和している"という言い方をする．

[*2]　高校化学では構造中に二重結合，三重結合を一つずつもつものをアルケン，アルキンとしたが，一般的には複数の二重結合，三重結合をもつものもアルケン，アルキンとよぶ．

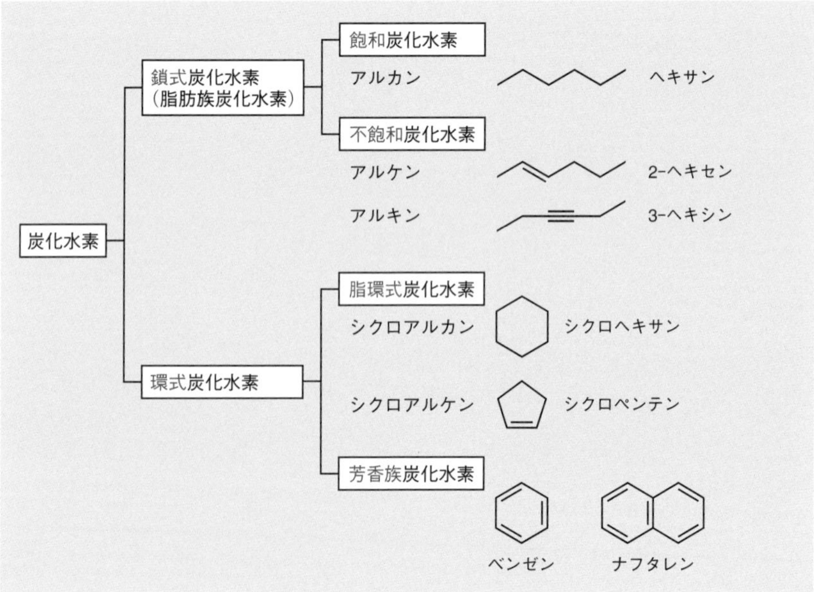

鎖式炭化水素（脂肪族炭化水素）

　飽和炭化水素

　　アルカン　　　　　　　　　　　ヘキサン

　不飽和炭化水素

　　アルケン　　　　　　　　　　　2-ヘキセン

　　アルキン　　　　　　　　　　　3-ヘキシン

炭化水素

環式炭化水素

　脂環式炭化水素

　　シクロアルカン　　　　　　　　シクロヘキサン

　　シクロアルケン　　　　　　　　シクロペンテン

　芳香族炭化水素

　　　　ベンゼン　　　　ナフタレン

図 1・3　炭化水素の分類

　環式炭化水素は炭素鎖の端がつながって環を形成したものである．環式炭化水素は，脂環式炭化水素と芳香族炭化水素に分類される．**脂環式炭化水素**はシクロアルカン（飽和結合のみ）とシクロアルケン（二重結合を含む）に代表される．**芳香族炭化水素**はベンゼンやナフタレンに代表される化合物群で，次節で紹介する．

1・3・2　芳香族炭化水素

芳香族炭化水素は，ベンゼン環などをもつ化合物群である．芳香とは“芳しい（かぐわ）（よい）香り”のことであり，バニラやシナモンなどのよい香りは芳香族化合物由来であることからこの名がついた．芳香族（aromatic）の英語の語源は，ギリシャ語の“aroma”である．

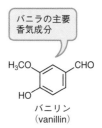

バニラの主要香気成分

バニリン（vanillin）

ベンゼン環　　ナフタレン環

しかし，ベンゼン環を含む化合物にまったく芳香がないものも多いことがわかり，芳香族炭化水素とよい香りは切り離して考えられることとなった．現在は，ベンゼン環を代表とする“芳香環をもつ化合物”を芳香族とよぶ[*1]．栄養・食品系ではチロシンやトリプトファンなどの芳香族アミノ酸としてよく出てくる．

ベンゼン環を見ると，単結合と二重結合が交互に並んだ特徴的な構造をしている．下図の左右の環は等価であり，このような構造を**共鳴構造**とよび，通常の二重結合よりも安定で特徴的な反応性を示す[*2]．

*1　“芳香環”の定義はちょっとややこしい．正しい定義は p.23 のコラムに示した．

*2　詳しくは第 2 章を参照．

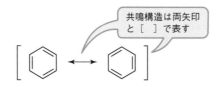

共鳴構造は両矢印と ［　］で表す

1・4　異　性　体

有機化合物には，分子式がまったく同じ（構成する元素が同じ）であっても，原子の結合の仕方が異なるいくつかの化合物が存在することがある．これを**異性体**という．

(a)

$H_3C-CH_2-CH_2-CH_3$

$H_3C-CH-CH_3$
　　　　|
　　　CH_3

炭素骨格が異なる
（分子式は両方とも C_4H_{10}）

(b)

エタノール　　　　　ジメチルエーテル

官能基の種類が異なる
（分子式は両方とも C_2H_6O）

(c)

$H_3C-CH_2-CH_2-OH$

$H_3C-CH-CH_3$
　　　　|
　　　OH

官能基の位置が異なる
（分子式は両方とも C_3H_8O）

(d)

$H_2C=CH-CH_2-CH_3$

$H_3C-CH=CH-CH_3$

二重結合の位置が異なる
（分子式は両方とも C_4H_8）

図 1・4　いろいろな構造異性体

　異性体のうち，原子の結合の順序，つまり構造式が異なる異性体を**構造異性体**という．たとえば，分子式 C_4H_{10} の化合物には，2種の構造異性体が存在する（図1・4a）．構造異性体は，炭素原子のつながり方（炭素骨格）の違いだけでなく，官能基の種類や位置の違い，二重結合などの不飽和結合の位置の違いなどによっても生じる（図1・4b～d）．これらは物理的性質も化学的性質も異なり，別な化合物と考えてよい．

　一方，分子の立体的な構造が異なるために生じる異性体を**立体異性体**という．立体異性体には，炭素–炭素間の二重結合が原因で生じる**幾何異性体**（図1・5a），不斉炭素原子が原因で生じる**鏡像異性体**（図1・5b）などがある．

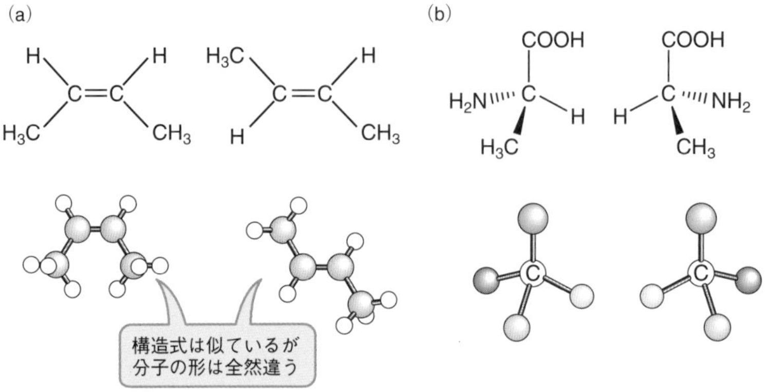

(a)　　　　　　　　　　　　　　　　　　(b)

構造式は似ているが
分子の形は全然違う

図 1・5　立体異性体　(a) 幾何異性体．原子の結合順序は同じだが，分子の形は大きく異なる．(b) 鏡像異性体．分子の形も同じだが，向きが違う．図はアミノ酸のアラニン．

　幾何異性体は構造式を見るとそっくりだが，分子模型を見るとまったく違う形をしているのがわかるだろう．当然ながら性質も違う．鏡像異性体は左右の手のように向きだけが違うため，物理的性質や化学的性質はほぼ同じである．ただし，右手用の手袋は左手にははめられない．アミノ酸など生体分子の多くは鏡像異性体なので，生物学的性質（酵素の反応性など）には重要な違いとなる*.

*　鏡像異性体については第5章で詳しく述べる．

章末問題

問題 1・1 ★　次の各化合物の水素への結合とハロゲン元素への結合を省略して，示性式と線構造式で表せ．

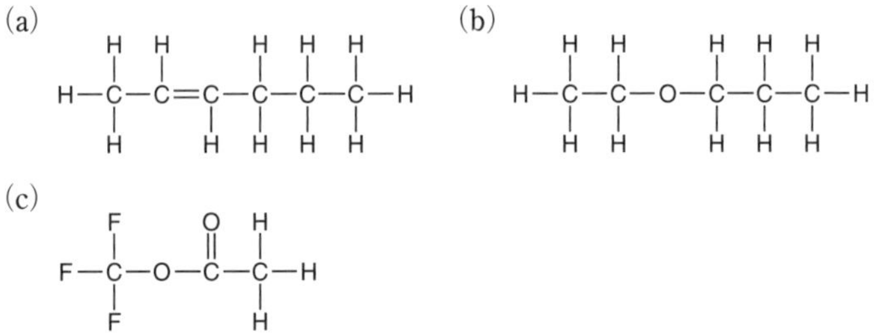

(a)　　　　　　　　　　　　　　　　　　　　　(b)

(c)

問題1・2 ★ 次の各化合物中の官能基名（または結合名）を書け．

(a)
HS—CH(COOH)—
（HS／COOH／NH₂ の構造）

(b)

(c)

問題1・3 ★ 次の (a)〜(e) の有機化合物を，示性式と構造式で表せ．
(a) メタノール CH_4O
(b) アセトアルデヒド C_2H_4O
(c) ギ酸 CH_2O_2
(d) 酢酸 $C_2H_4O_2$
(e) アニリン C_6H_7N

問題1・4 ★ 分子式 C_6H_6O の化合物について，官能基が異なる構造異性体を書け．

問題1・5 ★ 次の分子式で表される化合物の構造異性体を書け．
(a) $C_2H_4F_2$ (b) C_3H_7Br (c) C_3H_9N

問題1・6 次の化合物と同じ分子式，同じ炭素骨格（赤い部分）をもつ構造異性体を書け（ただし，立体異性体は無視すること）．

(a) 　(b) 　(c) 　(d)

2 原子の結合

【学習目標】
1. 原子の結合と電子配置の関係について理解する.
2. 原子軌道について炭素間の結合と併せて理解する.
3. 電気陰性度と化学結合の仕組みを理解する.
4. 原子がつくり出す混成軌道によって分子の形が決まることを学ぶ.
5. σ結合とπ結合を理解し,そのうえで共鳴構造の特徴を知る.

2・1 電子配置（ボーアモデル）

原子は,中心にある1個の**原子核**と,原子核を取巻くいくつかの**電子**からできている.原子核には+1の電荷をもつ**陽子**と電気的に中性な中性子がある.陽子数の違いが原子の違いであり,陽子数と電子数は等しい.電子は−1の電荷をもつため,電気的に原子核に引き寄せられている.

電子は原子核を中心とするいくつかの層に分かれて存在すると考えることができる（ボーアモデル）.この層を**電子殻**といい,内側から順に,K殻,L殻,M殻……とよばれている.これら各電子殻に収容できる電子の最大数は決まっている（図2・1a）.

電子は内側の電子殻から順に収容される.たとえば炭素原子ではK殻に2個,ついでL殻に4個が収容される.このような,電子殻への電子の配分のされ方を**電子配置**という.第3周期までの原子の電子配置を図2・1(b)に示す.最も外側の電子殻に存在する電子を**最外殻電子**という.最外殻電子は他の原子と結合す

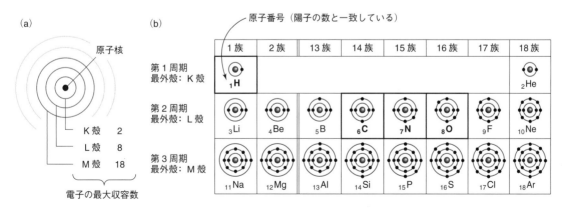

図 2・1　電子配置 （a）電子殻と電子の最大収容数. M殻は8個の電子を収容した状態で安定となるが,収容数としては18個まで入る.（b）第1周期～第3周期の電子配置.

るときに重要な働きをするので, これを特に**価電子**＊とよぶ. 最外殻電子のうち, 2個で対となった電子を**電子対**, 対になっていない電子を**不対電子**という (図2・2). 電子は対になると安定するという性質がある.

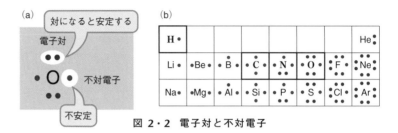

図 2・2 電子対と不対電子

第1～3周期の原子の電子対, 不対電子の様子を図2・2(b)に示す. 不対電子は他の原子の不対電子とペアとなって電子対をつくって安定する. これが**化学結合**である. したがって各原子の不対電子の数は, 原則, 結合の手の数と同じである. たとえば水分子では, 酸素原子の2個の不対電子と, 水素原子の1個の不対電子が図2・3のように, 電子対を1組ずつつくって結合している. このように原子間で共有された電子対を**共有電子対**という. 一方, はじめから電子対になっていて, 原子間で共有されていない電子対を**非共有電子対** (または**孤立電子対**) という.

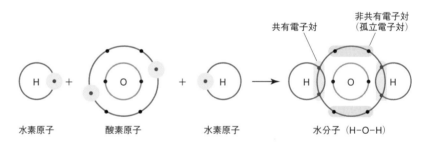

図 2・3 水分子ができる仕組み

2・2 原子軌道

図2・1(a)に示したボーアモデルは, 電子殻やその収容電子数を説明するのに都合がよい. しかし実際は, 電子はボーアモデルのような平らな円の軌道上に均等に分布しているのではない.

ある瞬間に, 原子内の電子がどこに存在するのかを特定することはできない. しかし, 電子が存在する確率を示すことは可能であり, その確率が一定の値以上である領域 (空間) を**原子軌道**とよんでいる. 原子軌道には形の異なる**s 軌道**, **p 軌道**, d 軌道……などの種類がある (図2・4). s 軌道は球状なので1種類だが, p 軌道はダンベル型をしており3方向の3種類がある (p_x, p_y, p_z と表記する). 各軌道の名称は電子殻の順番 (内側から順に, K殻＝1, L殻＝2, M殻＝3) と s, p, d を組合わせて 1s, 2s, 2p ($2p_x, 2p_y, 2p_z$) ……のように表記する. 水素にはK殻しかないので, 水素の原子軌道は 1s 軌道だけということになる.

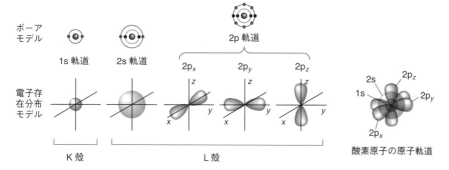

図 2・4　原子軌道の形状　ここでは 1s, 2s, 2p 軌道までを示したが，3s, 3p も同様の形をしている．d 軌道はもっと複雑な形をしている．各軌道の大きさは原子によって異なる（原子核の＋電荷の大きさに依存する）[*1].

*1　同一周期の原子では，族番号が大きいほど原子核の＋電荷が大きく，電子を引きつける力が強いため，軌道の直径は小さい．

さて，各原子軌道は図 2・5 に示すように異なるエネルギー準位にあり，電子はエネルギーが低い軌道から順に収容される．電子が各軌道に収容されていく順番は大事で，エネルギーの同じ軌道（2p の $2p_x$, $2p_y$, $2p_z$ など）には，できるだけ対にならないように電子が収容されていく．

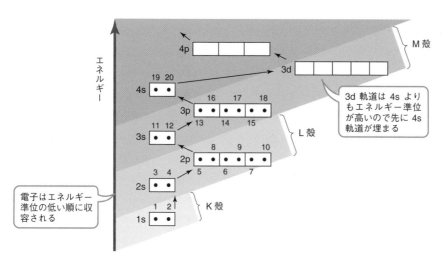

図 2・5　原子軌道のエネルギーと電子配置　→ は電子が収容される軌道の順を示す．1〜20 の数字は各軌道へ電子が収容される順を示す．

K 殻は 1s 軌道のみからなり，L 殻は 2s 軌道と 2p 軌道，M 殻は 3s 軌道，3p 軌道，3d 軌道からなる．各軌道は電子を 2 個まで収容できるので，各電子殻に収容できる電子の最大数は，K 殻が 2 個，L 殻が 8 個，M 殻が 18 個となる．外側の原子軌道ほど空間的な広がりが大きく，収容できる電子の数も多い．

図 2・5 では電子を ● で示したが，各軌道（□）に入る電子は回転の向き（スピンとよぶ）が逆のものが対で入る[*2]ので，これを ↑ と ↓ で示すのが普通である．したがって，各原子の電子配置は一般に図 2・6 のように記載される．不対電子は ↑ で表され，電子対は ↑↓ で表されている．また，1s 軌道に 2 個，2s 軌道に

*2　パウリの排他律という．

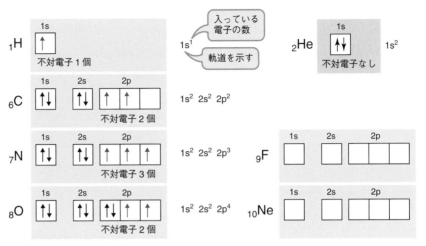

図 2・6　電子配置の表記法

2個, 2p軌道に3個の電子が入っていることを $1s^2\,2s^2\,2p^3$ という形で表す. F と Ne についても空欄を埋めて電子配置を示してみよう.

2・3　化 学 結 合

最も外側の電子殻に, 電子が一つしか入っていない軌道(不対電子 ⬆)をもつ原子は大変不安定である*. したがって多くの原子は単独では不安定であり, 他の原子と電子を共有したり, 他の原子から電子を奪うことにより不対電子をなくし, なるべく自身の最外殻軌道を最大収容数の電子(K殻2, L殻8, M殻8および18)で満たして安定化(**閉殻**)しようとする. そのために生じる原子間の結合を化学結合とよぶ. このような化学結合には**共有結合, イオン結合, 配位結合**があり, どの結合となるかを決めるのは, 原子の電気陰性度とよばれる性質である. また閉殻化とは異なるが, 生体内で重要な役割を果たす**水素結合**とよばれる化学結合もあり, これについてもここで紹介する.

＊ 不対電子をもった状態の原子や分子を**ラジカル**といい, 非常に反応性が高い.

2・3・1　電 気 陰 性 度

前述したように原子核には＋1の電荷をもつ陽子が存在し, 周りを取巻く電子は－1の電荷をもつため, 電子は電気的に原子核に引き寄せられている. 原子が

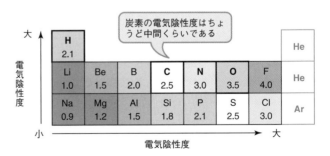

図 2・7　電 気 陰 性 度

化学結合して，結合相手の原子の電子を引き寄せる力の大きさを**電気陰性度**という．電気陰性度は，陽子の数（原子番号が大きいほど数が多く強い）および原子核と価電子の距離（内側であるほど近く強い）によって決まっている．したがって周期表でいえば，同一周期の元素では右へ行くほど電気陰性度が大きく，同一族の元素では，上に行くほど電気陰性度は大きい（図2・7）．

2・3・2 共有結合とイオン結合

結合する二つの原子の電気陰性度が同じであれば，図2・8のH$_2$のように，結合に関与する電子は両原子間に偏りなく共有される．一方，結合する原子の電気陰性度が異なれば，片側（電気陰性度の大きい方の原子）がわずかに負に帯電し（δ−），もう一方は正に帯電する（δ＋）ことになる．とはいえ，電気陰性度の差が小さければ，偏りはあるものの電子は両方の原子で共有される（図2・8, H$_2$O）．このように両原子で結合に関与する電子を共有する結合を**共有結合**という．一方，結合に関与する原子間の電気陰性度の差が2以上あると，電子は完全に電気陰性度の大きい方の原子に移った状況で結合が形成されることになる．このような結合を**イオン結合**という（図2・8, NaCl）．

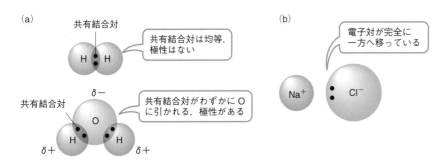

図 2・8　共有結合とイオン結合

有機化合物を構成する主たる元素である炭素原子の電気陰性度は2.5とちょうど中間的な値である．また有機化合物を構成する炭素以外の主要な原子の電気陰性度はH(2.1), N(3.0), O(3.5) であり，有機化合物中の結合は，ほとんどすべて共有結合であることがわかる．

アドバンス　イオン結合での原子軌道

NaClなど，イオン結合している原子では電子が完全に片方に移っている．それぞれの原子はs, pなどの原子軌道を維持して閉殻となり，生じた電荷の偏りにより電気的に引き寄せ合っている（右図）．

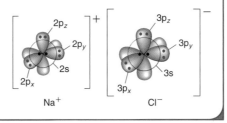

アドバンス　配位結合

　結合に関与する電子をどちらか一方の原子のみが供与する結合が**配位結合**である．ヒトが必要とする金属元素である Mg, Fe, Cu, Zn などは最外殻軌道に空の d 軌道などをもつため，ここに結合原子の非共有電子対が提供されて配位結合を形成する．たとえばヘモグロビン（有機金属錯体）のヘム鉄イオン（Fe^{2+}）は，酸素分子（O_2），ポルフィリン環の 4 個の N，グロビンのヒスチジン窒素（N）と配位結合している（右図）．

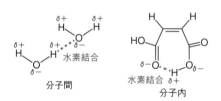

　アンモニウムイオン（NH_4^+）の四つめの N–H 結合（下図）も，N の電子対が H^+ に供与された配位結合である．N と H の最外殻軌道が埋まって安定化しているが，陽子の数に対して電子が 1 個足りないので +1 の電荷を帯びている．

アンモニウムイオン（NH_4^+）

2·3·3　水素結合

　水素原子が電気陰性度の大きい原子（N, O, F）と結合しているときは両者の電気陰性度の差が大きいため（0.8〜1.8），共有結合ではあるが，H はわずかに正に帯電（δ+）し，N, O, F はわずかに負に帯電（δ−）した状態となっている．このような状態の H と，他分子あるいは同一分子内の隔たった N, O, F との間には，静電気的な引力が働く（図 2·9）．このように水素原子を仲立ちとして，隣接する分子同士，あるいは同一分子内の離れた原子同士が引き合うような結合を**水素結合**という．水素結合は小さな電荷（δ+, δ−）同士の電気的引力に起因するので，共有結合やイオン結合と比較するとごく弱い*．

*　水素結合はごく弱い結合ではあるが，タンパク質や DNA 二重らせん構造を維持するなど，生体内で重要な役割をもっている．この場合，弱いことが生体分子の自由度を高めているといってもよい．

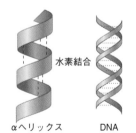

αヘリックス　　　DNA

図 2·9　水 素 結 合

2·4　混 成 軌 道

　§2·2 で原子軌道の形を説明した．水素はこの原子軌道を維持したまま，1s 軌道に結合相手の電子を収容する形で共有結合を形成する．しかし第 2 周期以降

の原子の多くは，図2・4に示した原子軌道の形のままで他の原子と共有結合するわけではない．たとえばCの電子配置は，

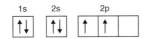

だが，この原子軌道のままでは不対電子が2個（$2p_x$ と $2p_y$）しかないので，結合は二つしか生じないはずである．しかし実際はCの結合の手は4であるので，この原子軌道では説明できない．実は有機化合物を構成するおもな原子であるC，N，Oは，共有結合の形成にあたりsとpの原子軌道を再構成して sp^3，sp^2，spという"結合の手"をつくり直している．これを**混成軌道**という．

- s軌道とp軌道三つ（p_x, p_y, p_z）を使ってつくる混成軌道を **sp^3 混成軌道**
- s軌道とp軌道二つ（p_y, p_z）を使ってつくる混成軌道を **sp^2 混成軌道**
- s軌道とp軌道一つ（p_z）を使ってつくる混成軌道を **sp 混成軌道**

とよぶ．各原子が原子軌道を混成軌道に再構成して化学結合するのは，その方がエネルギー的に有利だからである．

C，N，Oの各元素は以下の規則に従って，"混成軌道＋2p軌道"を用いて結合を形成している．

- **C**（図2・10）　① 単結合のときは sp^3 混成軌道4本
  　　　　　　　② 二重結合のときは sp^2 混成軌道3本とp軌道1本
  　　　　　　　③ 三重結合のときは sp 混成軌道2本とp軌道2本

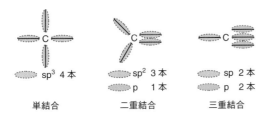

図 2・10　炭素原子の結合様式と混成軌道

- **N**（図2・11）　① 単結合のときは sp^3 混成軌道3本
  　　　　　　　② 二重結合のときは sp^2 混成軌道2本とp軌道1本
  　　　　　　　③ 三重結合のときは sp 混成軌道1本とp軌道2本

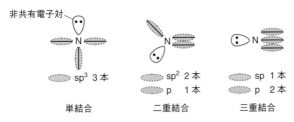

図 2・11　窒素原子の結合様式と混成軌道　Nでは混成軌道のうちの1本が非共有電子対となっており，結合に関与しない．

●O（図2・12）　① 単結合のときは sp^3 混成軌道 2 本

② 二重結合のときは sp^2 混成軌道 1 本と p 軌道 1 本

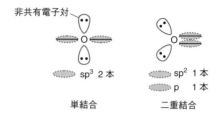

図 2・12　酸素原子の結合様式と混成軌道　O では混成軌道のうちの 2 本が非共有電子対となっており，結合に関与しない．

では，これらの混成軌道の形はどのようになっているのだろうか．炭素の sp^3，sp^2，sp 混成軌道の形を各軌道のエネルギー準位を添えて図2・13に示す．さまざまな有機化合物の立体構造はこの混成軌道の形で説明することができる．

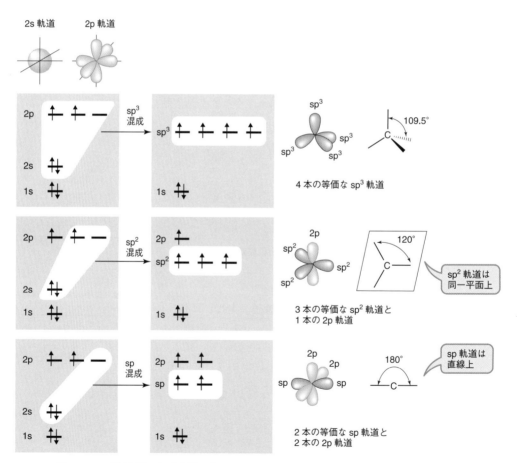

図 2・13　炭素原子は混成軌道で他の原子と結合する　混成に使われなかった p 軌道も，結合相手の p 軌道と π 結合とよばれる状態を形成するが，共有結合の軸は混成軌道である．したがって分子の形状は混成軌道の角度で決まる．

　一つ注目しておきたいのは，sとpの混成軌道は中心（原子核）から一方向に膨らんだ形をしている[*1]ことで，中心を挟んで両方向に膨らむp軌道とはこの点が異なっている．

＊1　**混成軌道の形**　図2・13では中心から一方向に広がる形で混成軌道を描いているが，実際は逆側にも少し電子が存在している．ただしこの小さな膨みの方は結合に関与しないので省略することも多く，本書でもそうしている．

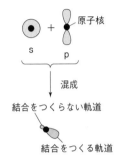

2・5　分 子 の 形

　基本的なアルカン，アルケン，アルキンの分子の形を混成軌道で考えてみよう．

1) **CH_4（メタン）**：メタン中のCはすべて単結合（sp^3混成軌道）でHと結合しているので，図2・14のようになる．sp^3混成軌道は正三角錐の重心から各頂点に向かって伸び，その先でHと結合している．したがって<u>メタン分子の形は正三角錐（正四面体）</u>である．

図 2・14　メタンの原子軌道と立体構造

2) **$CH_2=CH_2$（エチレン）**：エチレン中の二つのCは二重結合している．したがって同一平面上にあるsp^2混成軌道で他の原子と結合しており，図2・15に示すように<u>エチレン分子は平面構造</u>である．ここで混成軌道に使われなかった残りのp軌道を見てみよう．エチレン分子平面に垂直に両炭素からp_z軌道が出ている．このp_z軌道でも両炭素は共有結合している[*2]．つまりC=C二重結合とは"sp^2混成軌道による結合一つ"と"p軌道による結合一つ"からなる結合なのである．また，図からもわかるようにC=C周囲はp軌道の結合により電子に富んでいる．

＊2　p軌道同士は中心を挟んで両側の電子軌道で結合する（図2・15中の点線………）．これをπ結合という（§2・6）．

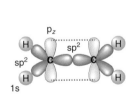

電子に富む

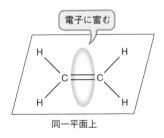

同一平面上

図 2・15　エチレンの原子軌道と立体構造

3) **$CH≡CH$（アセチレン）**：アセチレン中の二つのCは三重結合している．したがってsp混成軌道で他の原子と結合しており，図2・16に示すように<u>アセチレンは直線状の分子</u>である．またC≡Cは二つのp軌道を共有しており，"sp混成軌道による結合一つ"と"p軌道の結合二つ"からなる三重結合となっている．C≡C周囲は二つのp軌道の結合により，C=Cよりさらに電子に富んでいるのがわかる．

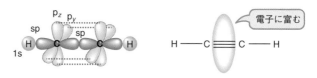

図 2・16　アセチレンの原子軌道と立体構造

水（H_2O），アンモニア（NH_3），窒素（N_2），二酸化炭素（CO_2）などの分子構造もこの混成軌道でよく説明できる.

1）**H_2O（水）**：OとHが単結合（sp^3 混成軌道）している．したがって図2・17のように水分子は "く" の字に曲がった構造である．結合に関与していないOの sp^3 軌道にはすでに電子が2個ずつ入っている（非共有電子対）.

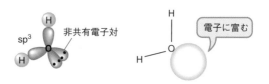

図 2・17　水の原子軌道と立体構造

2）**NH_3（アンモニア）**：NとHが単結合（sp^3 混成軌道）している．したがってアンモニア分子は平たい三角錐（四面体）である（図2・18）．結合に関与していないNの sp^3 軌道にはすでに電子が2個入っている（非共有電子対）.

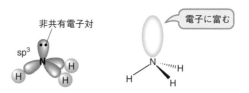

図 2・18　アンモニアの原子軌道と立体構造

アドバンス　水分子の形

　水が図2・17で説明したように sp^3 混成軌道で結合しているとすると∠H-O-Hは109.5°となるはずで，実測の104°より大きい．この理論と実測の差5.5°は結合に関わっていない sp^3 軌道同士の反発によるものと考えられている．一方，水の結合では，Oは混成軌道をとらずp軌道でHと結合している（下図右）という考えもある（2s軌道が原子核に強く引きつけられるため混成軌道への再構築は起こらないとするもの）．この場合は∠H-O-Hは90°となるはずで，実測の104°より小さい．この差はH同士の反発によるものと説明されている．

混成軌道での水の原子軌道

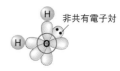

非混成軌道での水の原子軌道

　原子軌道はあくまでも "このように説明するとつじつまが合うぞ" というものであり，水のような単純な物質でも違う考え方ができるという側面がある.

3) **CO₂**（O=C=O，**二酸化炭素**）：C の直線状の sp 混成軌道の先に O が sp² 混成軌道で結合している．したがって CO_2 分子は直線分子である（図2・19）．C の二つの p 軌道（p_y, p_z）が一つずつ O の p 軌道（p_z）と共有され（結合し），二つの C=O 結合はいずれも sp 軌道一つと p 軌道一つによる二重結合となっている．結合に関与していない O の sp² 混成軌道にはすでに電子2個ずつが入っている（非共有電子対）．

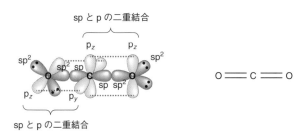

図 2・19　二酸化炭素の原子軌道と立体構造

2・6　σ結合とπ結合

有機化合物を構成する原子は，混成軌道と p 軌道を使って結合していることを説明した（H だけは s 軌道）．"混成軌道（および H の s 軌道）同士の結合"を **σ結合**，"p 軌道の共有による結合"を **π結合**とよび*，この二つは大きく性質が異なる．σ結合は強固で，分子の骨格をつくる結合である．結合する両原子核の間には，結合に関与する電子雲が存在している（図2・20）．

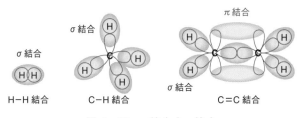

図 2・20　σ結合とπ結合

π結合では，結合に関与する電子雲は原子核の間ではなく上下に離れて存在する．このためπ結合の電子には他原子が近づきやすく（反応性が高い），分子の性質や反応性などに大きな影響を与える．単結合はσ結合であり，二重結合はσ結合一つとπ結合一つ，三重結合はσ結合一つとπ結合二つの組合わせで成立している．

なお，σ結合だけで結合している（単結合している）原子同士は自由に回転できるが，π結合をもつ（二重結合している）原子同士は回転できない（π結合は上下でワンセットなので，回転するには p 軌道間の結合をねじ切ることになる）．これはとても重要で，二重結合が回転できないために幾何異性体（§5・1）が生じる．

---

* σ結合には s 軌道，π結合には p 軌道が関わるので，アルファベットの s に対応するギリシャ文字のσ，p に対応するπを用いてそれらの結合を示すようになった．よく使われるギリシャ文字とアルファベットの対応は知っておくとちょっと便利だ．

α a π p
β b σ s
γ g θ t
δ d

たとえば，γ-アミノ酪酸（γ-aminobutylic acid）の略称が GABA なのはγを G に置き換えている．

■ **2・7 共 鳴 構 造**

　1,3-ブタジエンを構造式で示せば図 2・21(a) である．この図からは C1-C2 間および C3-C4 間に π 結合が存在するように見える．しかし，1,3-ブタジエンのように二重結合した炭素原子が連続して並んだ構造では，実際は(b)に示すように C1〜C4 の炭素間で π 結合が共有されている．このような構造を**共鳴構造**といい，有機化学の重要な概念の一つである．

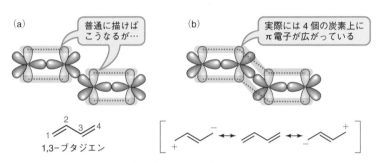

図 2・21　1,3-ブタジエンの共鳴構造（C と H の結合は省略）

　共鳴構造を表すには，(b)に示すように ［ ］ と両矢印（←→）を使う約束である．この ［ ］ と両矢印は，描かれている構造式が等価であることを示す．三つの構造式の間を行ったり来たりしているのではなく，これらの性質を併せもつ一つの化合物を示していることに注意してほしい．少し変なたとえかもしれないが，1,3-ブタジエン（［ ］の中央構造）をコーヒー（［ ］の左構造）とミルク（［ ］の右構造）を混ぜてつくるカフェオレと考えるとわかりやすい．カフェオレはコーヒーになったりミルクになったりするわけではない．しかしコーヒーの特徴とミルクの特徴を結び合わせるとカフェオレの特徴を予想することができる．一つの構造式では分子全体に広がった π 結合電子の様子をうまく表すことができないので，共鳴構造式でその特徴を示しているというわけである．

　共鳴構造の重要性は，この構造をとると π 電子を奪われにくくなり反応性が下がることにある．これを**共鳴安定化**という．ベンゼン環のように連続した sp^2 結合で形成される環構造も，共鳴により安定になっている（図 2・22）．

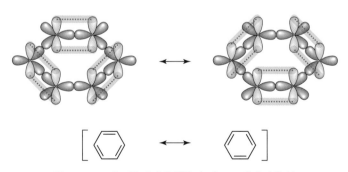

図 2・22　ベンゼンの共鳴構造（C と H の結合は省略）

> **アドバンス** 芳香族化合物のルール
>
> ベンゼンに代表される，芳香環をもつ化合物を芳香族化合物とよぶ．"芳香環"は以下のヒュッケル則で定義される．
>
> ・π電子をもつ原子が環状に並んだ構造をもつ不飽和環状化合物．
> ・環上のπ電子系に含まれる電子の数が$4n+2$（$n＝0, 1, 2, 3, \cdots$）個であるもの．
>
> このような環は，図2・22の例のように全原子がsp^2混成軌道で結合しており，環内のπ電子が非局在化して環上に一様に分布した平面構造をとる．このため二重結合の数から予想されるよりもずっと安定である．また，芳香族性が崩れる付加反応よりも，芳香族性を維持できる置換反応を起こしやすい．
>
> ベンゼン環以外の環化合物でもこの規則を満たせば芳香族性を示し*，単結合と二重結合が交互に並んだ環化合物であっても，この規則を満たさないものは芳香族性を示さない．また，N，O，Sを含む環化合物にも芳香族性を示す化合物があり，**複素環式芳香族化合物**とよばれる．
>
>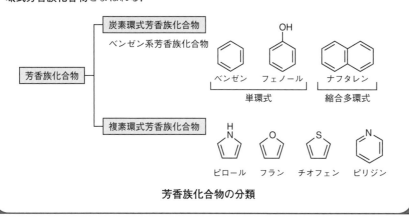
>
> **芳香族化合物の分類**

＊　非ベンゼン系芳香族化合物の一例．

トロポロン

■ 章末問題

問題2・1★　次の元素の電子配置をボーアモデルと原子軌道の表記（§2・2）で書け．

(a) O　　(b) P　　(c) S

問題2・2★　次の元素中の価電子の数はいくつか．また最外殻の共有電子対と非共有電子対（孤立電子対）の数も答えよ．

(a) C　　(b) F　　(c) Ar

問題2・3★　次の構造式に，最外殻の非共有電子対（孤立電子対）を書き足せ．

(a)　　　　　　　　(b)　　　　　　　　　　　　(c)

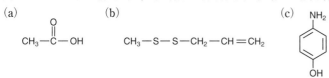

問題2・4★★　ホルムアルデヒド（$H_2C＝O$）の価電子の原子軌道図を書け．図には各軌道の名称を記し，結合がσ結合かπ結合かも書くこと．また，H–C–Hの結合角を予想せよ．

問題2・5 ★★　メタノール（CH_3OH）の価電子の原子軌道図を書け．図には各軌道の名称を記し，結合が σ 結合か π 結合かも書くこと．また H–C–O の結合角を予想せよ．

問題2・6 ★★　水酸化ナトリウム（$NaOH$）の価電子の原子軌道図を書け．

問題2・7 ★　次の（a）～（d）の分子のうち，すべての原子が平面上に存在するものはどれか．

(a) エチレン　　　(b) ヘキサン　　　(c) シクロヘキサン　　　(d) ベンゼン

問題2・8 ★　鎖状で炭素と水素のみからなり，次の説明に合う分子の構造式を，元素間の結合角も記して書け．

(a) 炭素の数が4で，すべての炭素が sp^2 混成軌道で結合している分子

(b) 炭素の数が4で，二つの炭素が sp 混成軌道，二つの炭素が sp^2 混成軌道で結合している分子

問題2・9 ★★　亜硝酸イオン（NO_2^-）の共鳴構造式を示せ．またこの中の O–N–O の結合角を予想せよ．

3 有機化合物の命名法（アルカン，アルケン，アルキン）

【学習目標】
1 炭化水素を命名できる.
2 炭化水素の系統名から構造を描ける.

　食品・栄養学系の講義では食品成分や栄養成分を慣用的な化合物名（**慣用名**）でよぶことが多いが，慣用名は化合物の構造や性質を反映していないものが多い. しかし，アスパラギン酸というアミノ酸の名称を知っていても，アスパラギン酸の構造を知らなければ化学的性質はわからない. 慣用名は便利なのでよく使われるものは暗記しておく必要があるが，それとは別に系統的（体系的）な分類や命名法を学んでおくことで，有機化合物名から多くの情報を得ることができる.

慣用名 抽出原料などにちなんで命名され，広く用いられている物質名称.
例）アスパラギン(asparagine)は初めにアスパラガスから単離された.

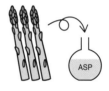

3・1 IUPAC命名法と慣用名

　1億を超える化合物が CAS データベースに登録されている現在，慣用名のみで化合物名を扱うことも覚えることも，とうていできない. 慣用名のない化合物も多数ある. そこで，国際純正・応用化学連合（**IUPAC**）によって系統的な命名法が提案され，これを用いることが推奨されている. たとえば，上述のアスパラギン酸の IUPAC 系統名は 2-アミノブタン二酸である.（ただし IUPAC も，アスパラギン酸のように広く用いられている一部の慣用名については使用を認めている.）IUPAC 命名法に習熟すれば，化合物名を見るだけで頭の中に構造式を描くことが可能となる. しかし，IUPAC 命名法のすべてを理解することは膨大かつ複雑なので，本書では基本ルール（置換命名法）を中心に解説する.
　IUPAC 系統名は原則として図3・1のような構成になっている.

CASデータベース
米国化学会の下部組織 CAS（Chemical Abstracts Service）が提供する化合物のデータベースと情報サービス.

IUPAC（International Union of Pure and Applied Chemistry，アイユーパックと読む）1919 年に設立された国際化学標準化組織. スイスと米国に本部・事務局がある.

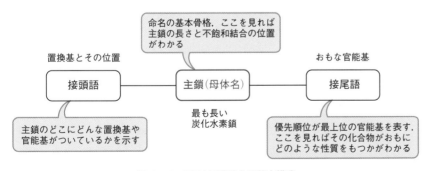

図 3・1　IUPAC 系統名の基本構造

表 3・1　語幹の炭素を示す数詞				
1	**meth**(a)	メタ		
2	**eth**(a)	エタ		
3	**prop**(a)	プロパ		
4	**but**(a)	ブタ		
5	**pent**(a)	ペンタ		
6	**hex**(a)	ヘキサ		
7	**hept**(a)	ヘプタ		
8	**oct**(a)	オクタ		
9	**non**(a)	ノナ		

10	**dec**(a)	デカ
20	**icos**(a) (**eicos**(a))	イコサ (エイコサ)
30	**docos**(a)	ドコサ

表 3・2　よく使われる数詞 (倍数接頭語)				
1	**mono**	モノ		
2	**di**	ジ，	**bis**	ビス
3	**tri**	トリ，	**tris**	トリス
4	**tetra**	テトラ		
5	**penta**	ペンタ		
6	**hexa**	ヘキサ		
多数	**poly**	ポリ		

表 3・3　位置を示す ギリシャ文字		
1	α	アルファ
2	β	ベータ
3	γ	ガンマ
最後	ω	オメガ

第3章ではまず炭化水素の命名法を解説する．置換基をもつ炭化水素の命名を自在に扱えれば，実は IUPAC 命名法の 60 ％以上を習得したことに等しい．

命名法に入る前に，基本となる"数と語の関係"を覚えておこう（表3・1，表3・2）．ギリシャ語やラテン語が語源なので，ここは理解するより丸暗記が楽だ．ついでによく使われるギリシャ文字とその読み方を示しておく（表3・3）．

■ 3・2　鎖式炭化水素

3・2・1　アルカン

鎖式飽和炭化水素は**アルカン**（alkane）ともよばれ，炭素と水素の単結合（C−C，C−H）からなる化合物である．アルカンは C_nH_{2n+2} の一般式で表される．すべての炭素原子が直線上に並んだものを**直鎖アルカン**，枝分かれのあるものを**分枝アルカン**とよぶ．

H₃C—CH₂—CH₂—CH₃

直鎖アルカン

H₃C—CH—CH₂—CH₃
　　　|
　　　CH₃

分枝アルカン

> 最も長い部分を主鎖とよび，

> 枝の部分を置換基とよぶ

アルカンの命名法

アルカンはまず炭素の数を数え，表3・1に示したメタ（meth）やエタ（eth）などの語幹にアルカンを表す語尾**アン**（**-ane**）をつけて命名する．

 基本のキ！

CH₄
メタン
methane

H₃C—CH₃
エタン
ethane

構造式中の最も長い直鎖アルカンの名前が**主鎖**（**母体名**）となる．表3・4に直鎖アルカンの名称を示す．一部を除いて，名称には規則性があることがわかると思う．24〜29，50〜90は規則性に基づいているので，空欄を埋めてみよう．食品中の脂肪酸の炭素鎖を考えると，炭素数22までの直鎖アルカン名は暗記し

表 3・4 直鎖アルカンの名称

規則性が乏しいので覚えるエリア

			10	デカン (**dec**ane)	20	イコサン (icosane)	30	トリアコンタン (triacontane)
1	メタン (**meth**ane)	CH_4	11	ウンデカン (undecane)	21	ヘンイコサン (henicosane)	31	ヘントリアコンタン (hentriacontane)
2	エタン (**eth**ane)	CH_3CH_3	12	ドデカン (dodecane)	22	ドコサン (docosane)	32	ドトリアコンタン (dotriacontane)
3	プロパン (**prop**ane)	$CH_3CH_2CH_3$	13	トリデカン (tridecane)	23	トリコサン (tricosane)	⋮	
4	ブタン (**but**ane)	$CH_3(CH_2)_2CH_3$	14	テトラデカン (tetradecane)	24		40	テトラコンタン (tetracontanc)
5	ペンタン (**pent**ane)	$CH_3(CH_2)_3CH_3$	15	ペンタデカン (pentadecane)	25		50	
6	ヘキサン (**hex**ane)	$CH_3(CH_2)_4CH_3$	16	ヘキサデカン (hexadecane)	26		60	
7	ヘプタン (**hept**ane)	$CH_3(CH_2)_5CH_3$	17	ヘプタデカン (heptadecane)	27		70	
8	オクタン (**oct**ane)	$CH_3(CH_2)_6CH_3$	18	オクタデカン (octadecane)	28		80	
9	ノナン (**non**ane)	$CH_3(CH_2)_7CH_3$	19	ノナデカン (nonadecane)	29		90	
							100	ヘクタン (hectane)

表 3・5 アルキル基の名称

メチル (methyl)	$-CH_3$
エチル (ethyl)	$-CH_2CH_3$
プロピル (propyl)	$-CH_2CH_2CH_3$
ブチル (butyl)	$-CH_2(CH_2)_2CH_3$
ペンチル (pentyl)	$-CH_2(CH_2)_3CH_3$
ヘキシル (hexyl)	$-CH_2(CH_2)_4CH_3$
ヘプチル (heptyl)	$-CH_2(CH_2)_5CH_3$
オクチル (octyl)	$-CH_2(CH_2)_6CH_3$
ノニル (nonyl)	$-CH_2(CH_2)_7CH_3$
デシル (decyl)	$-CH_2(CH_2)_8CH_3$
イコシル (icosyl)	$-CH_2(CH_2)_{18}CH_3$

ておくことが望ましい．アルカンの置換基を**アルキル基**とよぶ．アルキル基は接尾語 -ane を**イル**（**-yl**）に代えて命名する（表 3・5）．

アルカンの命名の基本的な手順と規則は以下のとおりである．

① **主鎖を見つける：** 化合物中の **“最長の直鎖炭素鎖”** を見つけて，その炭素鎖を主鎖（母体名）とする．

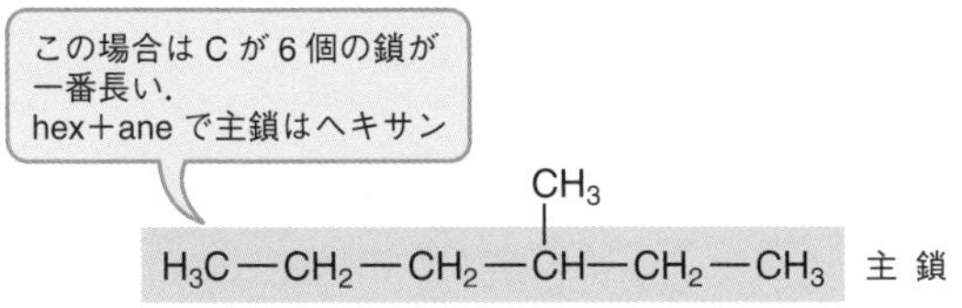
この場合は C が 6 個の鎖が一番長い．hex＋ane で主鎖はヘキサン
主 鎖

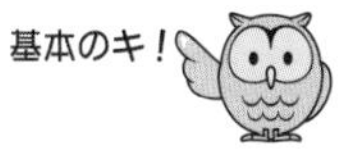
基本のキ！

同じ長さの直鎖が二つ以上とれる場合は，分岐点の数が多い方（置換基の数が多くなる方）を主鎖とする．

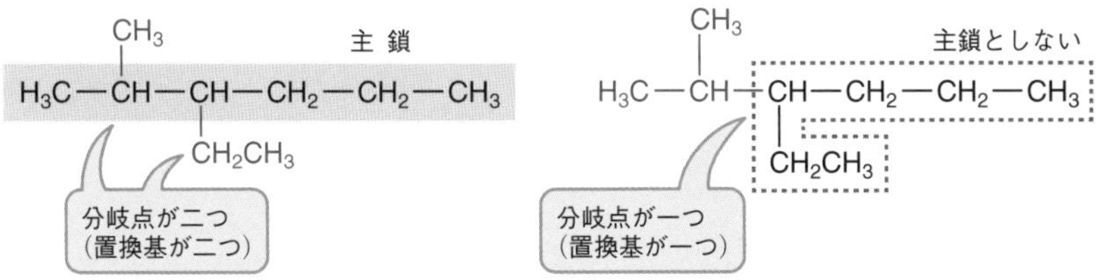
主 鎖
分岐点が二つ（置換基が二つ）
主鎖としない
分岐点が一つ（置換基が一つ）

② **主鎖に位置番号をつける**：主鎖には必ず二つの末端があり，どちらかの末端から炭素原子に位置番号をつける．その際，末端から数えて最初に出てくる置換基の番号が最も小さくなるように選択する（置換基の種類は優先順位には関係ない）．

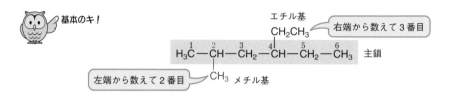

したがってこの化合物は"ヘキサン（主鎖）の2位にメチル基が，4位にエチル基がついている"ということになる．

　最初の置換基が両端から同じ位置にある場合は，その位置の分岐が多い方（置換基数が多い方）を優先する（①）．置換基が同数の場合は，次に結合している置換基の番号が小さくなるように選択する（②）．位置も置換基数も同じときは，置換基名のアルファベット順の若い方が小さくなるように選択する（③）．

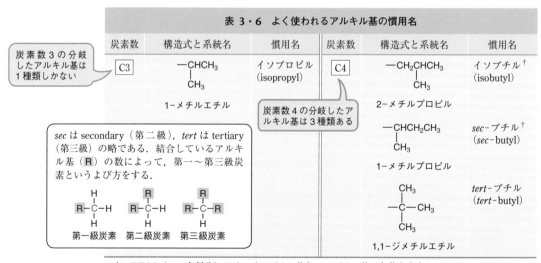

<table>
<tr><td colspan="6">表 3・6　よく使われるアルキル基の慣用名</td></tr>
</table>

† IUPAC（2013年勧告）では，イソブチル基と*sec*-ブチル基の名称を廃止している．

③ **置換基を命名する**：置換基は接頭語として主鎖名の前につける．置換位置を
“数字＋ハイフン(−)”で示し，**アルファベット順**に並べる．

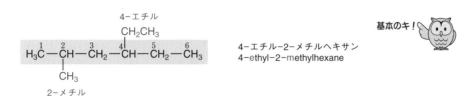

4−エチル−2−メチルヘキサン
4−ethyl−2−methylhexane

④ 同じ置換基が複数ある場合は，数を表す接頭語である“ジ(di, 2個)，トリ
(tri, 3個)，テトラ(tetra, 4個)，ペンタ(penta, 5個)，ヘキサ(hexa, 6
個)……”などでまとめて表す(①)．同一置換基が異なる複数の炭素に結合
している場合は，その数字をカンマ(,)で区切って小さい方から順に記す
(②)．

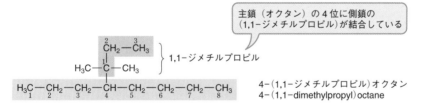

① 3,3−ジメチルヘキサン
3,3−dimethylhexane

② 2,4−ジメチルヘキサン
2,4−dimethylhexane

　なお，アルファベット順ではこの数を表す接頭語部分は考慮しない(③)．

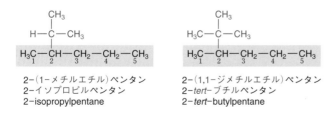

3−エチル−2,2−ジメチルヘキサン
3−ethyl−2,2−dimethylhexane

2,2−ジメチル−3−エチルヘキサン
2,2−dimethyl−3−ethylhexane
ではない

⑤ 分岐したアルキル基が置換基(側鎖)としてつながっている場合は，主鎖に結
合している炭素原子を1番として分岐部分を主鎖と同じルール(②)で命名する．

主鎖(オクタン)の4位に側鎖の
(1,1−ジメチルプロピル)が結合している

1,1−ジメチルプロピル

4−(1,1−ジメチルプロピル)オクタン
4−(1,1−dimethylpropyl)octane

⑥ 炭素数3と炭素数4の簡単な置換基については表3・6に示す慣用名があり，
長くなりがちな系統名の短縮に役立つ．よく使われるので覚えておこう．

2−(1−メチルエチル)ペンタン
2−イソプロピルペンタン
2−isopropylpentane

2−(1,1−ジメチルエチル)ペンタン
2−tert−ブチルペンタン
2−tert−butylpentane

例題 3・1　次のアルカンを命名せよ．

$$H_3C-CH_2-\underset{\underset{\displaystyle}{\overset{\displaystyle CH_3}{|}}}{CH}-CH_2-\underset{\underset{\displaystyle CH_2CH_3}{|}}{CH}-\underset{\overset{\displaystyle CH_3}{|}}{CH}-CH_2-CH_3$$

〔**解法**〕　はじめに主鎖を見つける．炭素数 8 の octane（オクタン）が決まる．次にこの主鎖に番号をつける．両端から 3 番目の炭素にメチル（methyl）基がそれぞれ現れる．置換基の位置が同じなので，次のエチル（ethyl）基を比較する．エチル基を右端から数えると 4 番目，左端から数えると 5 番目なので，右端から番号をつけることが決まる．また，メチル基は二つあるのでジメチル（dimethyl）としてまとめ，結合位置を 3,6- とする．接頭語のアルファベット順は e と m の比較になるのでエチル基を先に表記する．

$$\underset{8}{H_3C}-\underset{7}{CH_2}-\underset{6}{CH}-\underset{5}{CH_2}-\underset{4}{CH}-\underset{3}{CH}-\underset{2}{CH_2}-\underset{1}{CH_3}$$

methyl CH_3　　methyl CH_3　　CH_2CH_3 ethyl

4-エチル-3,6-ジメチルオクタン
4- ethyl -3,6-dimethyloctane

それぞれの置換位置　　methyl 基が二つあるので
を書き出す　　　　　"di" をつけてまとめる

例題 3・2　次のアルカンを命名せよ．

$$CH_3CH_2CH_2CH_2CH_2\underset{\underset{\displaystyle CH_3CHCH_2CH_3}{|}}{CH}CH_2CH_2\underset{\overset{\displaystyle CH_3}{|}}{CH}CH_3$$

〔**解法**〕　主鎖を見つける．炭素数 10 の decane（デカン）が決まる．メチル基が右端から 2 番目の炭素に現れるので，主鎖の番号を右からつける．主鎖の 5 位にある置換基は分岐しているので，結合している炭素に近い炭素から最長鎖となるように 1，2……と番号をふっていく．この置換基は 1 位にメチル基のついたプロピル基（1-methylpropyl）として表記し，このように接頭語が複数組合わさった表記となる場合はカッコでくくって 5-（1-methylpropyl）となる．

　1-メチルプロピル基は慣用名の *sec*-ブチル基（*sec*-butyl）で表記してもよい．（※ methylpropyl が butyl になることでアルファベット順が逆転することに注意）

$$\underset{10}{CH_3}\underset{9}{CH_2}\underset{8}{CH_2}\underset{7}{CH_2}\underset{6}{CH_2}\underset{5}{CH}\underset{4}{CH_2}\underset{3}{CH_2}\underset{2}{CH}\underset{1}{CH_3}$$

CH_3 methyl

methyl　$H_3C-\underset{1}{CH}\underset{2}{CH_2}\underset{3}{CH_3}$ propyl　　1-メチルプロピル基
または慣用名：*sec*-ブチル基

2-メチル-5-（1-メチルプロピル）デカン
2-methyl-5-（1-methylpropyl）decane
5-*sec*-ブチル-2-メチルデカン
5-*sec*- butyl -2-methyldecane

3・2・2 アルケン

　鎖式不飽和炭化水素には，炭素−炭素の二重結合（C=C）と三重結合（C≡C）をもつものがある．二重結合をもつものを**アルケン**（alkene）とよぶ．

　二重結合の二つの炭素原子に結合するアルキル基（**R**で表すことが多い）の数は1〜4個あり，それぞれ一置換，二置換，三置換，四置換アルケンとよぶ．

一置換アルケン　　二置換アルケン　　三置換アルケン　　四置換アルケン

アルケンの命名法

　アルケンは，アルカンの語尾 -ane を**エン**（**-ene**）に代えて命名する．

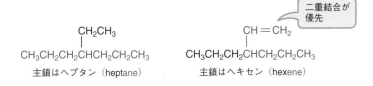

ペンタン pentane　　　ペンテン pentene　　基本のキ！

　最も簡単なアルケンは $CH_2=CH_2$ で，系統名**エテン**（ethene），慣用名**エチレン***（ethylene）である．表3・1を見ながら，表3・7の空欄を埋めておこう．

　アルケンの命名法の基本的な規則は以下のとおりである．基本はアルカンの命名法と同じだが，主鎖を決める際に二重結合を含む直鎖を優先させる．また，二重結合の位置を示すこと，そして二重結合のまわりの立体配置を示す必要がある．

① **主鎖を見つける**：二重結合を含む最長の炭素鎖を主鎖（母体名）とする．

二重結合が優先

$$CH_3CH_2CH_2CHCH_2CH_2CH_3$$
（CH₂CH₃上付）主鎖はヘプタン（heptane）

$$CH_3CH_2CH_2CHCH_2CH_3$$（CH=CH₂上付）主鎖はヘキセン（hexene）

② **位置番号をつける**：末端から数えて，最初の二重結合炭素が最も小さくなる方向で番号をつける．二重結合の位置は，2個の炭素に割り当てられた位置番号のうち小さい方を，"主鎖名の前"あるいは"接尾語 -ene の前"にハイフン（−）でくくって示す（ただし二重結合が一つで一番端にあるときの1- は省略してもよい）．

表 3・7　直鎖アルケンの名称	
炭素数	名称
2	エテン（ethene）
3	（　　）
4	（　　）
5	（　　）
6	（　　）
7	（　　）

* エチレンという慣用名は IUPAC 命名法では廃止されているが，食品分野では果物を完熟させる植物ホルモンとしてこの名称がよく使われるので覚えておこう．

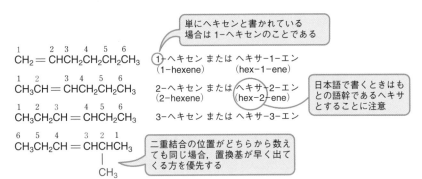

単にヘキセンと書かれている場合は 1-ヘキセンのことである

1-ヘキセン または ヘキサ-1-エン（1-hexene）（hex-1-ene）

2-ヘキセン または ヘキサ-2-エン（2-hexene）（hex-2-ene）

日本語で書くときはもとの語幹であるヘキサとすることに注意

3-ヘキセン または ヘキサ-3-エン

二重結合の位置がどちらから数えても同じ場合，置換基が早く出てくる方を優先する

③ 二重結合が複数ある場合には，接尾語の -ene の前に数を表す接頭語をつけて，-diene（ジエン）や -triene（トリエン）などとする．二重結合の位置はカンマで区切り，"アルケン（主鎖）の名称"あるいは"数を表す接頭語＋ene"の前にハイフンでくくって示す．

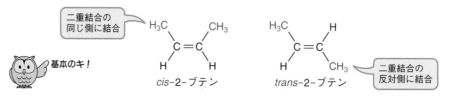

$$\overset{1}{H_2C}=\overset{2}{CH}-\overset{3}{CH}=\overset{4}{CH}-\overset{5}{CH}=\overset{6}{CH}-\overset{7}{CH_3}$$

> 発音上の問題で，a を補い，もとの語幹である hepta とすることに注意

1,3,5-ヘプタトリエン（1,3,5-heptatriene）

ヘプタ-1,3,5-トリエン（hepta-1,3,5-triene）

＊　食品分野では脂肪酸の表記でよく出てくる．シス体とトランス体では分子の形状が異なり，融点などの性質が違うのでこの区別は重要である．

④ **二重結合の立体配置を表す**：二置換の化合物に限ってはシス（*cis-*）とトランス（*trans-*）を用いる表記が可能である．置換基が同じ側にある場合をシス体，反対側にある場合をトランス体とよぶ＊．

> 二重結合の同じ側に結合

基本のキ！

cis-2-ブテン　　　trans-2-ブテン

> 二重結合の反対側に結合

　三置換や四置換の二重結合においては，シス/トランス表記を使うことができない．これを表記するために，*E,Z* 命名法を用いる．詳しくは第5章で説明するが，置換基に優先順位をつけて，順位の高いものが同じ側にあるものを *Z* 体，反対側にあるものを *E* 体とよぶ．2-ブテンを *E,Z* 表記すると下記のようになる．

(*Z*)-2-ブテン　　　(*E*)-2-ブテン

⑤ 表3・8に示した二重結合を含む置換基は慣用名を使ってもよい．

表 3・8　よく使われる二重結合を含む置換基の慣用名

構 造 式	慣 用 名
—CH＝CH₂	ビニル基（vinyl）
—CH₂—CH＝CH₂	アリル基（allyl）
	フェニル基（phenyl）
＝C〈H H	メチレン基（methylene）

例題3・3　次のアルケンを命名せよ．なお，本問では二重結合の立体配置については考えなくてよい．

$$H_2C=C-\overset{CH_3}{\underset{CH_3}{C}}-CH=CH_2-CH_3$$

〔解法〕　最も多くの二重結合を含む最長鎖となる炭素数6の hex(a) が主鎖（母体名）と決まる．二つの二重結合を含むことから -diene が接尾語となり，ヘキサジエン（hexadiene）が主鎖＋接尾語となる．二重結合がより小さい番号となるように炭素原子に番号をつける（置換基より二重結合が優先される）．二重結合の位置は 1,3-ヘキサジエンのように主鎖名の先頭につける（またはジエンの前につけてもよい）．最後に2個のメチル基の位置を示す．

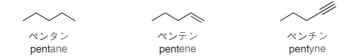

2,3-ジメチル-1,3-ヘキサジエン
2,3-dimethyl -1,3-hexadiene
2,3-ジメチルヘキサ-1,3-ジエン
2,3-dimethylhexa　-1,3-diene

3・2・3　アルキン

炭素-炭素間三重結合（C≡C）をもつ鎖式不飽和化合物を**アルキン**（alkyne）とよぶ．

アルキンの命名法

アルキンは，アルカンの語尾 -ane を**イン**（**-yne**）に代えて命名する．

ペンタン　pentane　　　ペンテン　pentene　　　ペンチン　pentyne

基本のキ！

最も簡単なアルキンは CH≡CH で系統名 **エチン**（ethyne），慣用名**アセチレン**（acetylene）である．

アルキンの命名法の基本的な規則はアルケンと同じで，-ene の代わりに -yne を用いればよい．

① 三重結合を含む最長の炭素鎖を主鎖（母体名）とする．末端から数えて，最初の三重結合炭素番号が最小になる方向で番号をつける．三重結合の位置は，2個の炭素に割り当てられた位置番号のうち小さい方を主鎖名あるいは接尾語 -yne の前に示す（ただし三重結合が一つで一番端にあるときの 1- は省略してもよい）．

$$\overset{6}{H_3C}-\overset{5}{CH_2}-\overset{4}{CH_2}-\overset{3}{C}\equiv\overset{2}{C}-\overset{1}{CH_3}$$

2-ヘキシン（2-hexyne）
ヘキサ-2-イン（hex-2-yne）

② 三重結合が複数ある場合には，接尾語の -yne の前に数を表す接頭語をつけて，-diyne（ジイン）や -triyne（トリイン）などとする．三重結合の位置はカンマで区切り，"アルキン（主鎖）の名称"あるいは"数を表す接頭語＋yne"の前に示す．

$$\overset{1}{H}-\overset{2}{C}\equiv\overset{3}{C}-\overset{}{CH_2}-\overset{4}{C}\equiv\overset{5}{C}-\overset{6}{CH_3}$$

1,4-ヘキサジイン（1,4-hexadiyne）
ヘキサ-1,4-ジイン（hexa-1,4-diyne）

例題3・4　次のアルキンを命名せよ．

$$CH_3C\equiv CCHCH_2CH_2CH_3$$
（CH_3 上）

〔解法〕　最も多くの三重結合を含み，枝分かれのない最長炭素鎖となる炭素数7の hept(a) が主鎖（母体名）と決まり，heptyne（ヘプチン）が主鎖＋接尾語と決まる．三重結合がより小さい番号となるように炭素原子に番号をつけ，最後にメチル基の位置を示す．

methyl
$$\underset{1\ \ 2\ \ 3\ 4\ 5\ 6\ 7}{CH_3C\equiv CCHCH_2CH_2CH_3}$$

4-メチル -2-ヘプチン
4-methyl -2-heptyne
4-メチルヘプタ-2-イン
4-methylhept -2-yne

二重結合と三重結合が同時に存在する場合

二重結合と三重結合が両方ある場合は，接尾語を "**-en + -yne**" として命名する*.

① 最も多くの不飽和結合を含む最長の炭素鎖を主鎖（母体名）とする．（つまり，二重結合と三重結合の優先順位はどちらが上でもない）
② 位置番号は，末端から数えて最初に出てくる不飽和結合（二重結合または三重結合）が最小となるようにつける．

$$\underset{5\quad 4\quad 3\quad 2\ 1}{H_3C-CH=CH-C\equiv CH}$$

3-ペンテン-1-イン（3-penten-1-yne）
ペンタ-3-エン-1-イン（pent-3-en-1-yne）

ただし，両端から数えて同じ位置に二重結合と三重結合がある場合は，二重結合を優先する．

$$\underset{1\quad 2\quad 3\quad 4\ 5}{H_2C=CH-CH_2-C\equiv CH}$$

1-ペンテン-4-イン（1-penten-4-yne）
ペンタ-1-エン-4-イン（pent-1-en-4-yne）

3・3　脂環式炭化水素（シクロ化合物）

　炭素原子のみで環が形成される環状化合物のうち，ベンゼンなどの芳香族炭化水素以外のものを**脂環式炭化水素**とよぶ．ニンジンなど緑黄色野菜に含まれるβ-カロテンは，脂環式炭化水素の仲間である．

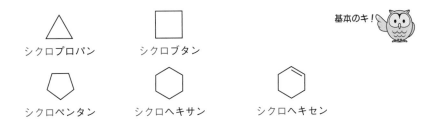

β-カロテン

脂環式炭化水素の命名法

　脂環式炭化水素は，環を構成する炭素数の炭化水素名に接頭語**シクロ**（**cyclo-**）をつけて母体名とする．単結合のみからなる環構造を一つもつものを**シクロアルカン**（一般式：C_nH_{2n}），二重結合を含むものを**シクロアルケン**，三重結合をもつものを**シクロアルキン**とよぶ．

シクロプロパン　　シクロブタン

基本のキ！

シクロペンタン　　シクロヘキサン　　シクロヘキセン

　脂環式炭化水素の命名法の基本的な規則は以下のとおりである．

① 環を構成する炭素-炭素結合に不飽和結合がないときはアン（-ane，単結合），二重結合があるときはエン（-ene，二重結合），三重結合があるときはイン（-yne，三重結合）の主鎖語尾とする．

② 置換基をもつシクロアルカンの命名の基本は，アルカンの命名法と同じである．ただし環には端がないので，アルカンの位置番号（p.28 ②）の規則に従い最も優先順位の高い置換位置の炭素を1位として位置番号をふる．

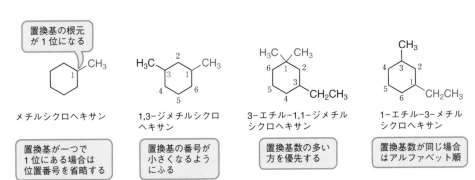

置換基の根元が1位になる

メチルシクロヘキサン　　1,3-ジメチルシクロヘキサン　　3-エチル-1,1-ジメチルシクロヘキサン　　1-エチル-3-メチルシクロヘキサン

| 置換基が一つで1位にある場合は位置番号を省略する | 置換基の番号が小さくなるようにふる | 置換数の多い方を優先する | 置換数が同じ場合はアルファベット順 |

③ 二重結合がある場合は，アルケンの場合と同様に二重結合を優先して位置番号をふる．二重結合炭素のどちらを1位にするかは，置換基に小さい番号がつけられる方を優先する．

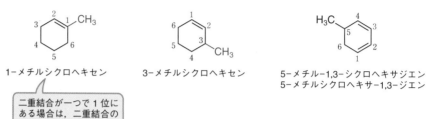

1-メチルシクロヘキセン　　　　3-メチルシクロヘキセン　　　　5-メチル-1,3-シクロヘキサジエン
　　　　　　　　　　　　　　　　　　　　　　　　　　　　　　　5-メチルシクロヘキサ-1,3-ジエン

二重結合が一つで1位に
ある場合は，二重結合の
位置番号を省略する

例題3・5　次のシクロアルカンを命名せよ．

CH₃
CH₃

〔解法〕　環構造を形成する六つの炭素から，シクロヘキサン（cyclohexane）が主鎖＋接尾語と決まる．メチル基が二つ結合しており，どちら回りでも番号に1がつくが，右回りが1,2-となり小さい．

1,2-ジメチルシクロヘキサン
1,2-dimethylcyclohexane

例題3・6　次のシクロアルケンを命名せよ．

CH₃

〔解法〕　環構造を形成する五つの炭素と二重結合一つから，シクロペンテン（cyclopentene）が主鎖＋接尾語と決まる．優先される官能基は二重結合なので，二重結合炭素が1位と2位になる．置換基がなければどちら回りでも番号づけは同じだが，メチル基が結合しており，右回りなら3位となり左回りよりも小さくなる．

3-メチルシクロペンテン
3-methylcyclopentene

例題3・7　次のシクロアルカンを命名せよ.

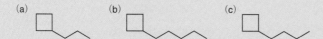

〔**解法**〕　環をもつ飽和炭化水素の命名では, 実はもう一つ注意点がある. 飽和炭化水素においては, 鎖または環の炭素数が大きい方を主鎖または主環とする. (a) の場合は炭素数4の環 (シクロブタン) が主となり, (b) の場合は炭素数5の鎖 (ペンタン) が主となる. (c) 炭素数が同数の場合は環を優先する.

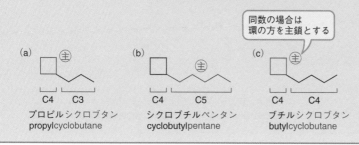

(a) C4 C3 プロピルシクロブタン propylcyclobutane
(b) C4 C5 シクロブチルペンタン cyclobutylpentane
(c) C4 C4 ブチルシクロブタン butylcyclobutane

同数の場合は環の方を主鎖とする

3・4　ハロゲン化アルキル

アルカンの水素がハロゲン (F, Cl, Br, I) に置換した化合物を**ハロゲン化アルキル**とよぶ.

ハロゲン化アルキルの命名法

1) ハロゲンは置換基として扱い, フッ素は**フルオロ** (fluoro-), 塩素は**クロロ** (chloro-), 臭素は**ブロモ** (bromo-), ヨウ素は**ヨード** (iodo-) という接頭語で表す. 前述した炭化水素の置換基と同様のルールを用いて炭素番号 (なるべく小さくする) や表記順 (アルファベット順) を決定する.

F—CH$_3$　　　　Cl—CH$_3$　　　　Br—CH$_3$　　　　I—CH$_3$
フルオロメタン　クロロメタン　　ブロモメタン　　ヨードメタン
fluoromethane　chloromethane　bromomethane　iodomethane

基本のキ!

2) 簡単なハロゲン化アルキルでは, ハロゲン元素名とアルキル基名を並べて示してもよい.

F—CH$_3$　　　　Cl—CH$_3$　　　　Br—CH$_3$　　　　I—CH$_3$
フッ化メチル　　塩化メチル　　　臭化メチル　　　ヨウ化メチル
methyl fluoride　methyl chloride　methyl bromide　methyl iodide

日本語ではハロゲン名 (元素名から "素" をとって "化" をつける) を前に, 英語では後ろに置く. この命名の仕方はシンプルで便利なので試薬名などでよく用いられる.

例題3・8　次のハロゲン化アルキルを命名せよ.

$$
\begin{array}{c}
\quad\quad CH_3CH_2CH_3 \\
\quad\quad | \\
H_3C\text{-}CH\text{-}C\text{-}CH\text{-}CH_2CH_3 \\
\quad\quad | \quad | \\
\quad\quad Cl \quad Br
\end{array}
$$

〔解法〕　まず主鎖は最長のヘキサン（hexane）となる. 番号づけは図の通りで，アルファベット順に置換基を並べると，bromo, chloro, ethyl, methyl の順になる.

$$
\begin{array}{c}
\text{methyl} \quad \text{ethyl} \\
CH_3 \quad CH_2CH_3 \\
\overset{1}{H_3C}\text{-}\overset{2}{CH}\text{-}\overset{3}{C}\text{-}\overset{4}{CH}\text{-}\overset{5}{CH_2}\overset{6}{CH_3} \\
Cl \quad Br \\
\text{chloro} \quad \text{bromo}
\end{array}
$$

4-ブロモ-3-クロロ-3-エチル-2-メチルヘキサン
4-bromo-3-chloro-3-ethyl-2-methylhexane

章末問題

立体異性は無視して答えよ.

問題3・1★　次の化合物を命名せよ.

(a)

(b)

(c)

(d)

(e)

(f)

(g)

(h)

(i)

(j)

(k)

(l)

問題3・2　次の化合物を命名せよ.

(a)★

(b)★

(c)★

(d)★

(e)★

(f)★★

問題3・3　次の化合物の構造式を書け.

(a) ★　2,3,4,9-テトラメチルデカン　2,3,4,9-tetramethyldecane

(b) ★　4-メチル-6-イソプロピルウンデカン　4-methyl-6-isopropylundecane

(c) ★　5-メチル-2,4-ヘプタジエン　5-methyl-2,4-heptadiene

(d) ★　3-メチル-1,4-ペンタジエン　3-methyl-1,4-pentadiene

(e) ★★　7-*sec*-ブチル-1-ドデセン-11-イン　7-*sec*-butyl-1-dodecen-11-yne

(f) ★★　4-ビニル-5-ノネン-2-イン　4-vinyl-5-nonen-2-yne

(g) ★　ジクロロジフルオロメタン（フロン類の一つ）

問題3・4　次の化合物の構造を書け.

(a) ★　1,2-ジブロモシクロヘキサン　1,2-dibromocyclohexane

(b) ★　1,3-ジエチルシクロブタン　1,3-diethylcyclobutane

(c) ★　3,4-ジメチル-1,5-シクロオクタジエン　3,4-dimethyl-1,5-cyclooctadiene

(d) ★　1,5,5-トリエチル-1-シクロペンテン　2,3,3-triethyl-1-cyclopentene

(e) ★★　3,8-ジクロロ-1,3,6-シクロデカトリエン
　　　　　　3,8-dichloro-1,3,6-cyclodecatriene

(f) ★★　8,10,12-トリメチル-1,3,5-シクロテトラデカトリエン
　　　　　　8,10,12-trimethyl-1,3,5-cyclotetradecatriene

問題3・5 ★★　次の化合物を命名せよ.

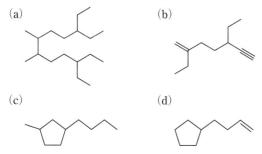

(a)　　　　　　　　　　　　(b)

(c)　　　　　　　　　　　　(d)

問題3・6 ★★★　ビタミンAはβ-カロテンなどから動物体内で生合成される. ビタミンAは一般にレチノールとよばれ, 末端にヒドロキシ基をもつアルコールである. この末端のヒドロキシ基をHに置き換えた化合物の系統名は以下の通りである.

　　　3,7-ジメチル-1-(2,6,6-トリメチル-1-シクロヘキセン-1-イル)-

　　　　　　　　　　　　　　　　　　　　1,3,5,7-ノナテトラエン

　　　3,7-dimethyl-1-(2,6,6-trimethyl-1-cyclohexen-1-yl)-1,3,5,7-nonatetraene

この化合物の構造を書け. なお, 二重結合はトランス体である（環内はシス）.

4 官能基をもつ有機化合物の命名法

【学習目標】
1 有機化合物を官能基別に分類できる.
2 官能基ごとの IUPAC 命名法を理解する.

　官能基とは functional group の訳語で，特有の性質（反応性といってもよい）を示す原子や結合のかたまりである．化合物の性質はもっている官能基に支配される．たとえば官能基として $-COOH$ をもつ化合物はカルボン酸であり，カルボン酸に共通する化学的，物理的性質を示す.

　複数の官能基をもつ化合物も多いので命名法はそれなりにややこしいが，心配はいらない．まず官能基と化合物名称の関係を表 4・1 に示す．第 3 章で扱った反応性の高いハロゲンやアルケンも官能基の一つである.

　このあと，化合物のグループごとに命名の仕方を説明するが，命名の基本は第 3 章で示した下図のとおりである.

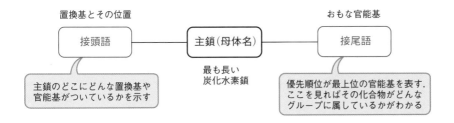

　官能基の種類は接尾語で表す．たとえばヒドロキシ基（$-OH$）があればアルコールであり，主鎖（母体名）の語尾をアルコールを表すオール（-ol）に代える．たとえば CH_3CH_2OH なら主鎖のエタン（ethane）＋オール（-ol）でエタノール（ethanol）となる.

　では構造式中に複数の官能基がある場合はどうするのか？ 表 4・1 の並び順には実は意味があり，主となる官能基の優先順位を示している．最も優先順位の高い官能基に基づいて"接尾語"を決め，それ以外のものは置換基として"接頭語"で表す．たとえば $H_2NCH_2CH_2OH$ なら，OH が優先なのでエタノールにアミノ基（$-NH_2$）がついていると考え，OH がついた炭素の番号を 1 として 2-アミノエタノール（2-aminoethanol）となる.

　位置番号は，最優先官能基（またはその根元）の炭素番号が最も小さくなるよ

表 4・1 官能基の種類と化合物名

順位	化合物の種類	官能基の式	官能基名	接頭語	接尾語	接尾語（環の場合）
1	カルボン酸	-COOH	カルボキシ基	カルボキシ carboxy-	～酸 -oic acid	～カルボン酸 carboxylic acid
2	スルホン酸	-SO₃H	スルホ基	スルホ sulfo-	スルホン酸 sulfonic acid	
3	酸無水物	-CO-O-CO-		—	酸無水物 -(o)ic anhydride	
4	エステル	-COOR	エステル基	R-オキシカルボニル R-oxycarbonyl	～酸R R -oate	～カルボン酸R R carboxylate
5	アミド	-CONH₂	カルバモイル基 （アミド基）	カルバモイル carbamoyl-	アミド -amide	カルボキサミド carboxamide
6	ニトリル	-CN	シアノ基	シアノ cyano-	ニトリル -nitrile	カルボニトリル carbonitrile
7	アルデヒド	-CHO	ホルミル基 （アルデヒド基）	ホルミル formyl-	アール -al	カルボアルデヒド carbaldehyde

炭素番号は自動的に1位になる

↑ ↑ ↑

↓ ↓ ↓

炭素番号が最小になるようにつける

順位	化合物の種類	官能基の式	官能基名	接頭語	接尾語	接尾語（環の場合）
8	ケトン	-CO-	カルボニル基 （ケト基）	オキソ oxo-	オン -one	
9	アルコール フェノール	-OH	ヒドロキシ基	ヒドロキシ hydroxy-	オール -ol	
9.5	チオール	-SH	スルファニル基 （スルフヒドリル基）	スルファニル sulfanyl-	チオール thiol	
10	アミン	-NH₂	アミノ基	アミノ amino-	アミン -amine	
11	エーテル	R¹-O-R²	（エーテル結合）	Rオキシ R-oxy	R¹R²エーテル R¹R² ether	
12† · 13	アルケン	C=C	アルケニル基		エン -ene	接尾語のみで表す
	アルキン	C≡C	アルキニル基	(-y1)	イン -yne	
14	アルカン	C-C	アルキル基		アン -ane	
—	ハロゲン	-Br	ブロモ基	ブロモ bromo-	—	接頭語のみで表す
		-Cl	クロロ基	クロロ chloro-	—	
		-F	フルオロ基	フルオロ fluoro-	—	
		-I	ヨード基	ヨード iodo-	—	
	ニトロ	-NO₂	ニトロ基	ニトロ nitro-	—	

† アルケンとアルキンの優先順位は同じなので，12・13 と表記している．

うにふる．カルボン酸からアルデヒドまでは，それが最優先官能基の場合，必ず末端に官能基の炭素がくるのでここを1位とすればよい．ケトン以下の官能基が最優先である場合は，官能基が結合している炭素（ケトンの場合は官能基中の炭素）がなるべく小さな番号となるように考えればよい．

　官能基の位置番号は，"主鎖名の前"または"接尾語の前"にハイフン（−）でくくって示す[*1]．たとえば以下のようになる．（この例のように簡単な化合物では主鎖名の前に置くのがふつうだが，複雑になってくると接尾語の前に置くほうが官能基がどこにあるかわかりやすい[*2]）

*1　p.31，アルケンの命名法②を参照．

*2　たとえば例題4・4（p.55）のアルコール名を見てみよう．

1-ヘキサノール または ヘキサン-1-オール
（1-hexanol）　　　　　（hexan-1-ol）

5-アミノ-2-ヘキサノール または 5-アミノヘキサン-2-オール
（5-amino-2-hexanol）　　　　（5-aminohexan-2-ol）

　なお，カルボン酸やアルデヒドなど，表4・1の順位1〜7の官能基では根元の炭素が必ず"1位"となる．これを表すための"1"は自明なので，名称から省略してよいという約束になっている．アルコールなどで最優先官能基が一つだけで端にある場合の"1"も省略されることがあるが，試薬の発注ミスなどをまねきやすいので付けることが望ましい．

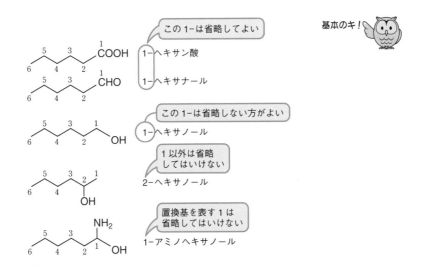

この1-は省略してよい
1-ヘキサン酸

1-ヘキサナール

この1-は省略しない方がよい
1-ヘキサノール

1以外は省略してはいけない
2-ヘキサノール

置換基を表す1は省略してはいけない
1-アミノヘキサノール

基本のキ！

　以下，優先順位の高い順に命名法を説明していくが，§4・2〜4・4（酸無水物，エステル，アミド）は複雑であまり栄養・食物分野では登場しないので後回しにしてもよい．まずは最優先官能基をもつカルボン酸，そしてアルデヒド・ケトン，アルコールの命名法を理解すれば基本はできたと言ってよいだろう．栄養・食物系ではあまり目にしないスルホン酸やニトリル，ニトロ化合物の命名法については本書では省略した．

4・1　カルボン酸

カルボン酸の
一般式
R–COOH

カルボキシ基（–COOH）をもつ化合物を**カルボン酸**とよぶ．カルボン酸は古くから知られている化合物の一つであり，日本人には食酢や清酒などの発酵食品中の有機酸としてなじみ深いものが多い．栄養素である脂肪酸もカルボキシ基をもつ有機化合物である．カルボキシ基中の OH を他の原子（原子団）で置き換えた化合物（誘導体という言い方をする）に，酸無水物やエステル，アミドなどがある（§4・2〜4・4参照）．

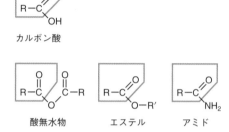

カルボン酸

酸無水物　　　エステル　　　アミド

レモンの酸味（クエン酸）やヨーグルトの酸味（乳酸）はカルボン酸，リンゴやパイナップルの甘い香り（酪酸エチル）はエステルである．安息香酸誘導体である安息香（ベンゾイン）は樹脂香として古くから用いられてきた．またアリやハチに刺されて痛いのはギ酸*のせいである．クエン酸回路（TCA 回路）では，カルボン酸を官能基にもつ化合物が回転して，エネルギー（ATP）が生産されている．生物において，カルボン酸とその誘導体は重要な役割を果たしている．

*　ギ酸（formic acid）のギは蟻（アリ）のことで，英語名もラテン語のformica（アリ）に由来する．

表 4・2　カルボン酸の名称				表 4・3　アシル基の名称		
炭素数	化学式	系統名	慣用名	炭素数	名称	
1	HCOOH	メタン酸（methanoic acid）	ギ酸	1	ホルミル	（formyl）
2	CH_3COOH		酢酸	2	アセチル	（acetyl）
3	CH_3CH_2COOH		プロピオン酸	3	プロピオニル	（propionyl）
4	$CH_3(CH_2)_2COOH$		酪酸	4	ブチリル	（butyryl）
5	$CH_3(CH_2)_3COOH$		吉草酸	5	バレリル	（valeryl）
6	$CH_3(CH_2)_4COOH$		カプロン酸	6	ヘキサノイル	（hexanoyl）
8	$CH_3(CH_2)_6COOH$		カプリル酸	8	オクタノイル	（octanoyl）
10	$CH_3(CH_2)_8COOH$		カプリン酸	10	デカノイル	（decanoyl）
12	$CH_3(CH_2)_{10}COOH$		ラウリン酸	12	ラウロイル	（lauroyl）
14	$CH_3(CH_2)_{12}COOH$		ミリスチン酸	14	ミリストイル	（myristoyl）
16	$CH_3(CH_2)_{14}COOH$		パルミチン酸	16	パルミトイル	（palmitoyl）
18	$CH_3(CH_2)_{16}COOH$		ステアリン酸	18	ステアロイル	（stearoyl）

カルボン酸の命名法

カルボキシ基の優先順位は最上位*なので常に"最優先官能基"と覚えておこう. カルボン酸の命名は, 主鎖名の語尾から "e" を外し酸 (-oic acid) をつける.

* 実はこれより上位に"陽イオン"があるが, 基礎有機化学では考えなくてよい.

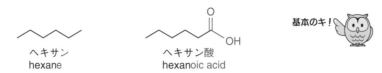

ヘキサン
hexane

ヘキサン酸
hexanoic acid

基本のキ!

最も簡単なカルボン酸は HCOOH で, 系統名はメタン酸 (methanoic acid), 慣用名はギ酸である. 表4・2の系統名の空欄を埋めておこう. カルボキシ基のCも主鎖の炭素数に含めることに注意.

なお, カルボン酸から OH を除いた部分をアシル (acyl) 基とよぶ. アシル基の名称は対応するカルボン酸名の語尾 -oic acid をオイル (-oyl) に替える. ただし, 慣用名から来ているものには語尾をイル (-yl) に替えているものもある. 表4・2のカルボン酸に対応するアシル基の名称を表4・3にあげておく.

アシル基

カルボキシ基

カルボン酸の命名法の基本的な規則は以下のとおりである.

1) カルボン酸を含む最長の炭素鎖を主鎖 (母体名) とする. カルボキシ基炭素も炭化水素鎖の一つとして炭素数をカウントする. カルボキシ炭素を1位として位置番号をつける.

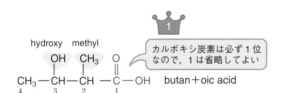

hydroxy　methyl

カルボキシ炭素は必ず1位なので, 1は省略してよい

butan＋oic acid

3-ヒドロキシ-2-メチルブタン酸
3-hydroxy-2-methylbutanoic acid

(3-ヒドロキシ-2-メチル-1-ブタン酸
3-hydroxy-2-methyl-1-butanoic acid
3-hydroxy-2-methylbutanoic-1-acid)

2) カルボキシ基が環式化合物に結合している場合は, 接尾語として "カルボン酸 (carboxylic acid)" をつけて区別する.

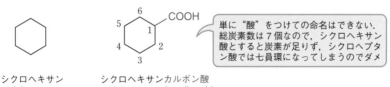

シクロヘキサン
cyclohexane

シクロヘキサンカルボン酸
cyclohexane carboxylic acid

単に"酸"をつけての命名はできない. 総炭素数は7個なので, シクロヘキサン酸とすると炭素が足りず, シクロヘプタン酸では七員環になってしまうのでダメ

3) カルボン酸の慣用名は IUPAC でも多数認められている (表4・2にあげた単純なカルボン酸のほか, 乳酸, 安息香酸, クエン酸など).

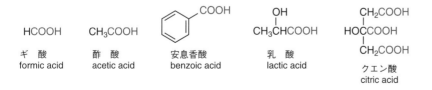

HCOOH

ギ酸
formic acid

CH_3COOH

酢酸
acetic acid

安息香酸
benzoic acid

$CH_3CHCOOH$
|
OH

乳酸
lactic acid

CH_2COOH
|
$HOCCOOH$
|
CH_2COOH

クエン酸
citric acid

例題4・1　次のカルボン酸を命名せよ.

(a) CH₃CH₂CH₂CH₂CH₂CH₂CH₂—COOH

(b) HOOC—CH₂CH₂—COOH

〔解法〕 (a) の主鎖はカルボキシ基の炭素も含めて C_8 のオクタン（octane）である.“e”を外して“-oic acid”をつけると，次のようになる.

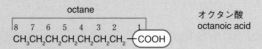

octane

オクタン酸
octanoic acid

(b) の主鎖は C_4 のブタン（butane）である. 二つのカルボキシ基をもつジカルボン酸の接尾語は**二酸“-dioic acid”**となる（di，tri，tetra などの倍数詞がついたときは，発音ができないという理由で主鎖名末端の e は外さない）. よって，系統名は以下のようになる.

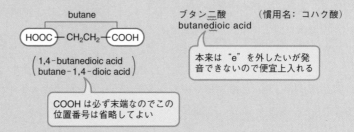

butane

ブタン二酸　　　（慣用名：コハク酸）
butanedioic acid

本来は“e”を外したいが発音できないので便宜上入れる

(1,4-butanedioic acid)
(butane-1,4-dioic acid)

COOH は必ず末端なのでこの位置番号は省略してよい

ブタン二酸の慣用名は**コハク酸**で，TCA 回路で出てくる中間代謝物の一つである.

アドバンス　**生体内のカルボン酸**

　生体内の pH は 7.2〜7.4 と中性である. そのためカルボン酸はイオン形（COO⁻）で存在している. カルボン酸がイオン形のときは，接尾語を -oic acid でなく -ate として表す. たとえばクエン酸は慣用名で citric acid であるが，カルボン酸がイオン形であるときは citrate となる（慣用名のあるカルボン酸の名称は -oic acid でなく -ic acid のことが多い. この場合は -ic acid → ate となる）. 生体内に存在するクエン酸を citrate とよぶのは，こういう理由からである.

■ 4・2　酸 無 水 物

酸無水物の一般式

カルボン酸 2 分子から水（H_2O）が失われて生成する酸無水物は，生活用品（化学繊維，ポリマーなど）の原料として広く使われている.

カルボン酸 2 個　　　H_2O（水）　　酸無水物

酸無水物の命名法

酸無水物の命名は，対応するカルボン酸の語尾の"酸（-oic acid）"を**酸無水物**（**-oic anhydride**）とすればよい．ただし，無水酢酸，無水コハク酸，無水マレイン酸，無水フタル酸の4種については前に"無水"をつけてよぶ．

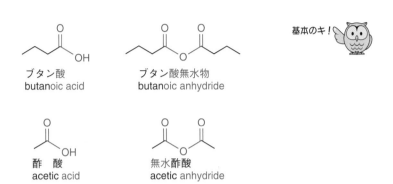

ブタン酸
butanoic acid

ブタン酸無水物
butanoic anhydride

酢酸
acetic acid

無水酢酸
acetic anhydride

基本のキ！

4・3 エ ス テ ル

エステルはカルボン酸の水素原子をアルキル基に置換したカルボン酸誘導体である．天然に広く存在し，果実や花の香りの成分となっている．酪酸エチル（ブタン酸エチル）はパイナップルの甘い香りの主成分である．

エステルの
一般式

$$R-\overset{\overset{\text{O}}{\|}}{C}-O-R'$$

カルボン酸

$$R-\overset{\overset{\text{O}}{\|}}{C}-OH$$

エステルの命名法

エステルの命名は，日本語では対応するカルボン酸名の後にOの先のアルキル基名をつけるだけでよい．英語名では語尾の"-oic acid"を外して"-oate"をつける．

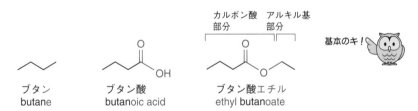

カルボン酸部分　アルキル基部分

ブタン
butane

ブタン酸
butanoic acid

ブタン酸エチル
ethyl butanoate

基本のキ！

エステルの命名法の基本的な規則は以下のとおりである．

1) エステル基が最優先官能基である場合：エステル炭素を含む最長の炭素鎖を主鎖（母体名）とする（エステル炭素も主鎖の炭素の一つとして数える）．エステル基の炭素を1位として主鎖の位置番号をふる．

2) エステル基より優先順位上位の官能基がある場合：主鎖名および位置番号は最優先官能基に基づいて決める．エステルのOに結合するアルキル基名（R）に**オキシカルボニル**（R-oxycarbonyl-）をつけて接頭語とする．あまりお目にはかからないので，オキシカルボニルがエステル結合を表していることを覚えておけば十分だろう．

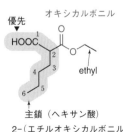

優先　オキシカルボニル
ethyl
主鎖（ヘキサン酸）

2-（エチルオキシカルボニル）ヘキサン酸
2-(ethyloxycarbonyl)-hexanoic acid

4・4 ア ミ ド

アミドの
一般式

$$\underset{R-C-NH_2}{\overset{O}{\overset{\|}{}}}$$

カルボン酸

$$\underset{R-C-OH}{\overset{O}{\overset{\|}{}}}$$

アミドはカルボン酸の OH 基がアミノ基（-NH₂）に置換したカルボン酸誘導体と考えるとわかりやすい．ペプチド結合（§8・2・2）以外のアミドは天然にはほとんど存在しないが，食品の加熱などによって副次的に微量に生成される．

アミドの命名法

アミドの命名はカルボン酸と同じで，語尾を "-oic acid" の代わりに**アミド**（**-amide**）とすればよい．

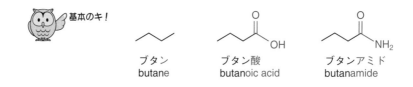

基本のキ！

ブタン
butane

ブタン酸
butanoic acid

ブタンアミド
butanamide

アミドの命名法の基本的な規則は以下のとおりである．

1) アミド基（カルバモイル基）が最優先官能基である場合：アミド基の炭素を含む最長の炭素鎖を主鎖（母体名）とする（アミド炭素も主鎖の炭素の一つとして数える）．アミド炭素を1位として主鎖の位置番号をふる．N の先に結合するアルキル基がある場合は，N に結合していることを示す "*N-*" をつけたうえでアルキル基名を接頭語とする．

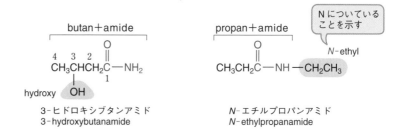

butan＋amide

$$\underset{1}{\overset{O}{\overset{\|}{CH_3CHCH_2-C-NH_2}}}$$

hydroxy OH

3-ヒドロキシブタンアミド
3-hydroxybutanamide

propan＋amide

$$\underset{}{\overset{O}{\overset{\|}{CH_3CH_2-C-NH-CH_2CH_3}}}$$

N についている
ことを示す

N-ethyl

N-エチルプロパンアミド
N-ethylpropanamide

2) アミド基より優先順位上位の官能基がある場合：主鎖名および位置番号は最優先官能基に基づいて決める．アミドの C の先のアルキル基名に**カルバモイル**（**carbamoyl-**）をつけて接頭語とする．

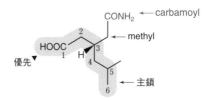

CONH₂ ← carbamoyl

← methyl

HOOC

優先

← 主鎖

3-カルバモイルメチル-5-メチルヘキサン酸
3-carbamoylmethyl-5-methylhexanoic acid
（神経障害性疼痛の医薬品：プレガバリンの合成前駆物質）

4・5　アルデヒドとケトン

　アルデヒドとケトンは**カルボニル基**（＞C＝O）をもつ化合物で，**カルボニル化合物**と総称される．カルボニル基の炭素（**カルボニル炭素**とよぶ）の片方に水素が結合したものを**アルデヒド**，両方とも炭素が結合したものを**ケトン**とよぶ．アルデヒドの官能基（-CHO）を，**ホルミル基**またはアルデヒド基*とよぶ．ケトンの官能基（＞C＝O）はカルボニル基またはケト基*とよぶ．

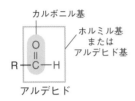

アルデヒド

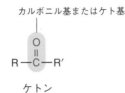

ケトン

基本のキ！

　アルデヒドとケトンは身近な香りの成分に多く，シナモンの香り（シンナムアルデヒド）やバニラの香り（バニリン），ラズベリーの香り（ラズベリーケトン）など，スイーツ好きにはたまらない幸福感を与えてくれる化合物がある．一方で，アクロレインや2-ノネナールなどアルデヒド類には有害成分も多い．忘れがちだが，栄養素であるグルコースも，アルデヒド基をもつ食品成分の代表である．

* IUPAC の推奨名はホルミル基とカルボニル基だが，わかりやすいので食物栄養分野ではアルデヒド基とケト基もよく使われる．

シンナムアルデヒド（シナモン）

バニリン（バニラ）

D-グルコース（糖）

ラズベリーケトン（ラズベリー）

2-ノネナール（加齢臭）

アクロレイン（ばい煙，排ガスなど）

テストステロン（男性ホルモン）

食品と化合物　パクチーはカメムシの香り??

　食品の香気成分や昆虫の臭気成分にはアルデヒドがけっこうある．炭素10のアルデヒド，デカナールはパクチー（香菜）の香りがする．デカナールの2位が二重結合になったデセナールはカメムシの雄が出すいやな臭いで，パクチーの香りに似ている．ところが，4位または5位が二重結合になった4-デセナールと5-デセナールは，缶ミルクティーや缶ミルクコーヒーに使われるミルク様の香りがするから不思議である．

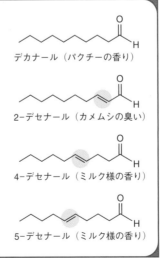

デカナール（パクチーの香り）

2-デセナール（カメムシの臭い）

4-デセナール（ミルク様の香り）

5-デセナール（ミルク様の香り）

アルデヒドの命名法

アルデヒドの命名は，主鎖名の語尾から "e" を外し**アール**（**-al**）をつける．

基本のキ！

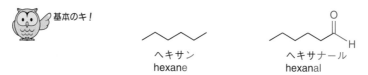

ヘキサン
hexane

ヘキサナール
hexanal

最も簡単なアルデヒドは HCHO で，系統名はメタナール（methanal），慣用名はホルムアルデヒド（formaldehyde）である．表 4・4 の系統名の空欄を埋めておこう．

表 4・4 アルデヒドの名称			
炭素数	化学式	系 統 名	慣 用 名
1	HCHO	メタナール（methanal）	ホルムアルデヒド
2	CH_3CHO		アセトアルデヒド
3	CH_3CH_2CHO		プロピオンアルデヒド
4	$CH_3(CH_2)_2CHO$		—

アルデヒドの命名法の基本的な規則は以下のとおりである．

1) ホルミル基（アルデヒド基，－CHO）が最優先官能基である場合：ホルミル基を含む最長の炭素鎖を主鎖（母体名）とする．アルデヒド炭素も炭化水素鎖の一つとして炭素数をカウントする．この場合，ホルミル基は必ず主鎖の末端にあるので，その炭素番号を 1 位とする．

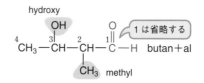

3-ヒドロキシ-2-メチルブタナール
3-hydroxy-2-methylbutanal
（3-hydroxymethylbutan-2-al）

2) ホルミル基が環式炭化水素に結合している場合は，接尾語**カルボアルデヒド**（**carbaldehyde**）をつける．

基本のキ！

シクロヘキサン
cyclohexane

シクロヘキサンカルボアルデヒド
cyclohexane carbaldehyde
くっつけない

3) ホルミル基よりも優先順位上位の官能基がある場合：ホルミル基を接頭語の
オキソ（oxo-） あるいは **ホルミル（formyl-）** で示し，炭化水素置換基と同等
のルールで扱う．ホルミル基が主鎖末端にある場合はその炭素に＝O が結合し
ているとみなして oxo，主鎖とは別にホルミル基がある場合は－CHO が結合
しているとみなして formyl とする．主鎖の炭素番号は最優先官能基の番号が
最小になるようにつける．

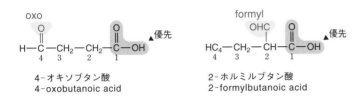

4) IUPAC では多くの単純なアルデヒドの慣用名を認めている．以下の三つは慣
用名でよぶことがふつうなので覚えておこう．

HCHO

ホルムアルデヒド
formaldehyde

CH$_3$CHO

アセトアルデヒド
acetaldehyde

CHO

ベンズアルデヒド
benzaldehyde

杏仁の
香り成分

例題 4・2　次の三つのアルデヒドを命名せよ．

(a) CH$_3$CH$_2$CH$_2$CH$_2$CH$_2$CH$_2$CH＝CH—CHO

(b) OHC—CH$_2$CH$_2$CH$_2$—COOH

(c) CH$_3$CH$_2$CH$_2$CH—COOH
　　　　　　　　|
　　　　　　　CHO

〔**解法**〕　(a) の最優先官能基はホルミル基なので，これを含む主鎖は C$_9$ のア
ルケンでノネン（nonene）となる．接尾語 "e" を外して "-al" をつけ，母体名
はノネナール（nonenal）となる．番号付けは，最優先官能基であるホルミル基
の炭素が 1 位である（この 1 は省略する）．

(b) の最優先官能基はカルボキシ基（－COOH）で，これを含む主鎖は C$_5$ のペ
ンタン酸となる．ホルミル基は主鎖名称構造の末端にあるので，接頭語の oxo
を使って表す．

（c）の最優先官能基もカルボキシ基で，これを含む一番長い炭素鎖 C_5 が主鎖となり，母体名はペンタン酸である．ホルミル基は主鎖構造に含まれていないため，ホルミル（formyl-）として命名する．

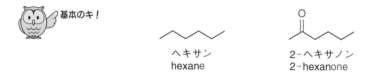

ケトンの命名法

ケトンの命名は，主鎖名の語尾から "e" を外し**オン**（**-one**）をつける．

基本のキ！

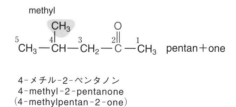

最も簡単なケトンは CH_3COCH_3 で，系統名は 2-プロパノン（2-propanone），慣用名は**アセトン**（acetone）である．

ケトンの命名法の基本的な規則は以下のとおりである．

1）カルボニル基（ケト基ともいう）が最優先官能基である場合：カルボニル炭素を含む最長の炭素鎖を主鎖（母体名）とする．末端から数えて，カルボニル炭素が最も小さくなる方向に番号をつける．カルボニル基の位置情報は "主鎖名" または "オン" の前に示す．

methyl

$$CH_3-\overset{4}{CH}-\overset{3}{CH_2}-\overset{2}{C}-\overset{1}{CH_3}\quad pentan+one$$
$$\overset{5}{}\qquad|\qquad\qquad||\qquad$$
$$CH_3\qquad\quad O$$

4-メチル-2-ペンタノン
4-methyl-2-pentanone
（4-methylpentan-2-one）

2）カルボニル基よりも優先順位上位の官能基がある場合：カルボニル基（>C=O）は接頭語**オキソ**（**oxo-**）として示し，炭化水素置換基と同等のルールで扱う．位置番号は最優先官能基が最小になるようにつける．

基本のキ！

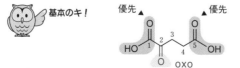

2-オキソペンタン二酸
2-oxopentanedioic acid
（慣用名：2-オキソグルタル酸）

例題 4・3　次のケトンを命名せよ.

〔解答〕カルボニル基を含む環式飽和炭化水素化合物である. 位置番号はカルボニル基が最小になるように考えればよい（カルボニル基が最優先となる環式化合物では, 必ずカルボニル基の炭素が1となる. この1は省略してよい）.

cyclopentan + one

dimethyl

2,3-ジメチルシクロペンタノン
2,3-dimethylcyclopentanone

4・6　アルコールとフェノール

アルコールは**ヒドロキシ基**（–**OH**）をもつ化合物であり, 酒や消毒薬など身近な化合物が多数ある. ヒドロキシ基と結合した炭素と結合するアルキル基の数によって, 第一級, 第二級, 第三級アルコールと分類される.

> アルコールの
> 一般式
> R–OH

第一級アルコール　　第二級アルコール　　第三級アルコール

フェノールはベンゼン環上の水素原子がヒドロキシ基に置換した構造の化合物である. アルコールの一種ではあるが, ベンゼン環の共鳴構造の影響を受けてアルコールとは性質がかなり異なる.

フェノール
phenol

アルコールの命名法

アルコールの命名は, 主鎖名の語尾から "e" を外し**オール**（**-ol**）をつける.

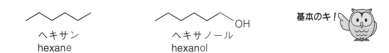

ヘキサン
hexane

ヘキサノール
hexanol

基本のキ!

最も簡単なアルコールである CH_3OH の系統名は**メタノール**（methanol）, 慣用名は**メチルアルコール**（methyl alcohol）である. 表4・5の系統名の空欄を埋めておこう.

表 4・5　アルコールの名称		
化学式	系統名	慣用名
CH_3OH	メタノール（methanol）	メチルアルコール
CH_3CH_2OH		エチルアルコール
$CH_3(CH_2)_2OH$		プロピルアルコール
$CH_3(CH_2)_3OH$		ブチルアルコール
$CH_3(CH_2)_4OH$		ペンチルアルコール

アルコールの命名法の基本的な規則は以下のとおりである．

1) ヒドロキシ基が最優先官能基である場合：ヒドロキシ基を含む最長の炭素鎖を主鎖（母体名）とする．位置番号はヒドロキシ基の根元が最小となるようにふる．ヒドロキシ基の位置情報は"主鎖名"または"オール"の前に示す．ヒドロキシ基が環に結合している場合は，ヒドロキシ基が結合している炭素を1位とする（この1は省略）．他の官能基や置換基は接頭語で示す．

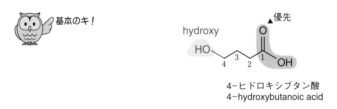

3-メチル-2-ブタノール
3-methyl-2-butanol
（3-methylbutan-2-ol）

3,3-ジメチルシクロヘキサノール
3,3-dimethylcyclohexanol

2) ヒドロキシ基よりも優先順位上位の官能基がある場合：ヒドロキシ基を接頭語ヒドロキシ（**hydroxy-**）で示し，炭化水素置換基と同等のルールで扱う．位置番号は最優先官能基が最小になるようにする．

基本のキ！

4-ヒドロキシブタン酸
4-hydroxybutanoic acid

3) アルコールは，"アルキル基の名称＋アルコール"としても命名できる．IUPACでは推奨されていないが，よく使われているので知っておこう．

基本のキ！

メチル　　　　アルコール
CH_3—OH
メチルアルコール
methyl alcohol

くっつけない

例題 4・4　次のアルコールを命名せよ.

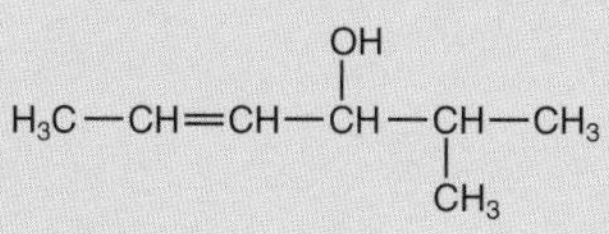

$$H_3C-CH=CH-\underset{\underset{OH}{|}}{CH}-\underset{\underset{CH_3}{|}}{CH}-CH_3$$

〔**解法**〕　はじめに最優先官能基を見極める. この化合物ではヒドロキシ基であるから, これを含む主鎖は C_6 の hexene となる. 接尾語に hexene の "e" をとって "ol" をつける. 番号付けは下図のとおりで, ヒドロキシ基が最小にさえなればよい (二重結合もメチル基も考慮しない).

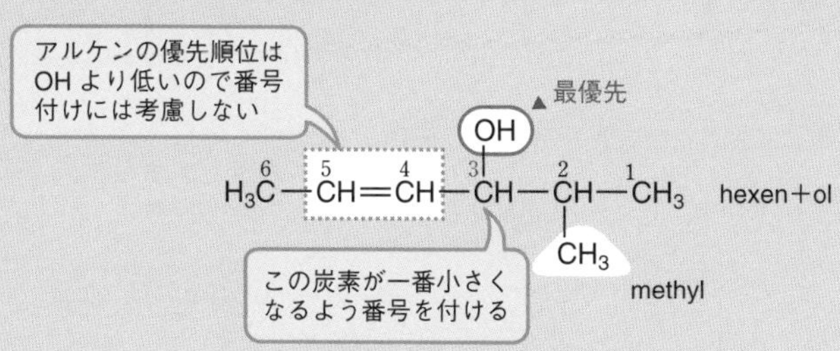

> アルケンの優先順位は OH より低いので番号付けには考慮しない

▲ 最優先

$$\overset{6}{H_3C}-\boxed{\overset{5}{CH}=\overset{4}{CH}}-\overset{3}{CH}-\underset{\underset{CH_3}{|}}{\overset{2}{CH}}-\overset{1}{CH_3}\quad \text{hexen+ol}$$

> この炭素が一番小さくなるよう番号を付ける

methyl

2-メチル-4-ヘキセン-3-オール
2-methyl-4-hexen-3-ol

2-メチルヘキサ-4-エン-3-オール
2-methylhex-4-en-3-ol

フェノールの命名法

フェノール (phenol) はヒドロキシベンゼンの慣用名だが, 系統名称の<u>母体名としても使ってよい</u>. フェノール類には慣用名が多く用いられているが, 母体名として使えるのはフェノールだけである.

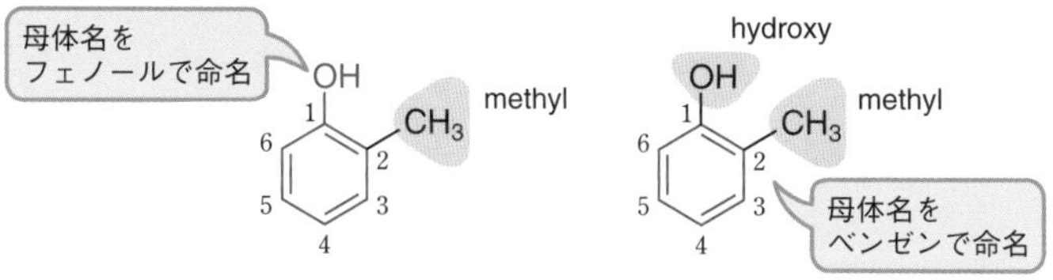

> 母体名をフェノールで命名

OH　methyl

2-メチルフェノール
2-methylphenol
（慣用名: *o*-クレゾール
o-cresol）

hydroxy

OH　methyl

> 母体名をベンゼンで命名

1-ヒドロキシ-2-メチルベンゼン
1-hydroxy-2-methylbenzene

4・7　チ オ ー ル

スルファニル基 (**-SH 基**) をもつ化合物を**チオール**とよぶ. チオは硫黄 (S) の意味で, チオールはそのアルコール型といえる. 酸素 (O) と硫黄 (S) は, 周期表では同じ 16 族の元素で性質も似ている点が多い.

> チオールの一般式
> R-SH

チオールはさまざまな食品に含まれている．アミノ酸のシステインの側鎖には−SH 基があり，酵素の活性部位の鍵となる官能基であったり，システイン同士を連結（ジスルフィド結合−S−S−）してタンパク質の立体構造を形づくるなど重要な役割をしている．

チオールの命名法

チオールの命名法はアルコールと同じで，"-ol" の代わりに**チオール**（**-thiol**）を用いればよい．ただし，子音の t で始まるので，英語発音の都合上，主鎖名の語尾の "e" は外さない．

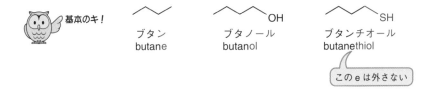

基本のキ！

ブタン
butane

ブタノール
butanol

ブタンチオール
butanethiol

このeは外さない

置換基になるときは，スルファニル（sulfanyl）としてヒドロキシ基と同様に示す．

sulfanyl

SH

4 3 2 1

OH

▲優先

3−スルファニル−1−ブタノール
3-sulfanyl-1-butanol

食品と化合物 チオールは特徴香をつくる

硫黄を含む食品香気成分には，においを嗅いだだけで，その食品を連想させるものがある（**特徴香**という）．たとえばフライドポテトや牛丼のにおいが流れて来ただけで，それとわかった経験はないだろうか．揚げたポテトや肉の焼けたにおい，また，急須で淹れたての緑茶や，グレープフルーツやホップ（ビール原料）などの特徴香は，チオール（SH 基）を含んでいる．硫黄を含む特徴香の多くは，人の感じる濃度（域値）がきわめて低く（ppb，ppt レベル：10 億分の 1 〜 1 兆分の 1），ごくわずか含まれているだけで感知する．優れたソムリエがワインを口に含んだだけで原料ブドウの品種（セパージュ）や産地（テロワール）を言い当てられるのも，こういった特徴香の記憶によると言われている．一方，ドブの悪臭や口臭として知られるメタンチオール（CH_3SH）も SH 基を含む．ちなみに，腐乱臭で知られる硫化水素（H_2S）やニンニク臭（ジアリルジスルフィド）も硫黄を含む．良くも悪くも食生活に関わっている化合物といえる．

SH

（*R*)-1-*p*-メンテン-8-チオール

OH

SH

3−スルファニル−1−ヘキサノール

グレープフルーツの特徴香（ともに閾値：10 ppt 程度）

4・8 アミン類

アミンは，アンモニア（NH₃）の水素原子の代わりにアルキル基または水素が結合した化合物である．アルキル基数によって，アルコール同様に第一級〜第三級アミンに分類される．

アミンの
一般式

R−NH₂

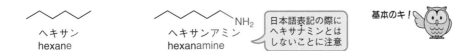

アンモニア	第一級アミン	第二級アミン	第三級アミン

アンモニアに代表されるアミン類は，腐敗臭の原因となる化合物が多い*．第三級アミンであるトリメチルアミンは，魚の腐敗臭として悪名高い．危険ドラッグとして知られるアミン類もある．

*　しかし，やみつきな美味しさにもつながる（くさや，鮒寿司）．

アミンの命名法

アミンの命名は，主鎖名の語尾から“e”を外し**アミン**（**-amine**）をつける．

ヘキサン
hexane

ヘキサンアミン
hexanamine

日本語表記の際にヘキサナミンとはしないことに注意

基本のキ！

アミンの命名法の基本的な規則は以下のとおりである．

1) アミンが最優先官能基である場合：アミンの命名の仕方は2種類ある．どちらで命名してもよいが，炭化水素鎖の複雑度により使い分けると便利である．

① 基本はアルコールの命名法と同じである．Nと結合している最長の炭化水素鎖を主鎖（母体名）とし，位置番号はNがついた炭素が最小となるようにふる．Nに別なアルキル基がついている場合には*N*を位置番号のように使用する（*N*は斜体）．

methyl

N-ethyl

*N*についている

NH₂

CH₃CH₂CH₂CHCH₃
　5　　4　　3　2　1

CH₃—CH—CH—CH₂—CH₃
　1　　2　　3　　4　　5

CH₃　NH—CH₂CH₃

2-ペンタンアミン
2-pentanamine
(pentan-2-amine)

N-エチル-2-メチル-3-ペンタンアミン
N-ethyl-2-methyl-3-pentanamine

② 単純なアミンは“アルキル基の名称＋アミン”として命名するのが簡単である．第一級アミンでは，Nに結合する炭化水素鎖をアルキル基名とし，そこに**アミン**（**-amine**）をつける．第二級，第三級アミンの場合は，窒素原子に結合する最も長い炭化水素鎖を主鎖扱いで“アルキル基名 ＋ -amine”とし，他のアルキル基は*N*-を位置番号として用いて置換基として扱う．ただし，置換基が同一の場合はジ(di-)，トリ(tri-)のようにまとめてよい．

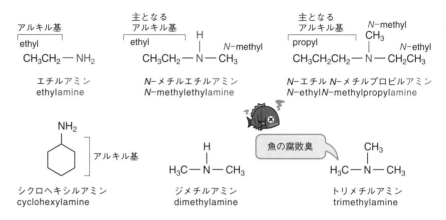

シクロヘキシルアミン
cyclohexylamine

ジメチルアミン
dimethylamine

トリメチルアミン
trimethylamine

2) アミノ基よりも優先順位上位の官能基がある場合: アミノ基を接頭語**アミノ**
（**amino-**）で示し，炭化水素置換基と同等のルールで扱う．位置番号は最優先
官能基の炭素が最小になるようにする．

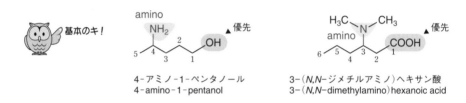

4-アミノ-1-ペンタノール
4-amino-1-pentanol

3-（N,N-ジメチルアミノ）ヘキサン酸
3-（N,N-dimethylamino）hexanoic acid

例題4・5 次のアミンを命名せよ．

(a) CH₃CH₂NHCH₂CH₃   (b) NH₂(CH₂)₄NH₂   (c) CH₃CH₂CHCH₂OH
　　　　　　　　　　　　　　　　　　　　　　　　　　　　 |
　　　　　　　　　　　　　　　　　　　　　　　　　　　 NH₂

〔解法〕 (a)は，二つのエチル基を含むアミンとして命名するか，エタンアミ
ンにエチル基がついた形で命名する．

ジエチルアミン
diethylamine

N-エチルエタンアミン
N-ethylethanamine

(b)にはアミノ基が二つあるので，di- をつけて diamine（ジアミン）とする．
1,4-ブチルジアミン（butyldiamine）となる．慣用名はプトレッシンで，肉の
腐った臭いのもとである．

(c)にはアミノ基とヒドロキシ基がある．官能基の優先順を比較すると，ヒド
ロキシ基の方が上位である．よって，この化合物はアルコールである．名称は次
のようになる．

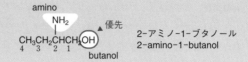

2-アミノ-1-ブタノール
2-amino-1-butanol

アドバンス　複雑な置換基

以下の二つの命名法も知っておくと便利である．

(1) 複雑な構造の同一置換基をカッコでくくって表記する方法

同じ原子に結合している同一置換基を以下のようにまとめてカッコでくくる方法がある．この命名の仕方では，同一置換基が二つある場合は，ジ (di) ではなくビス (bis)，三つのときはトリ (tri) でなくトリス (tris) を使って表す．

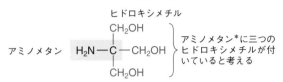

トリス(ヒドロキシメチル)アミノメタン
tris(hydroxymethyl)aminomethane

アミノメタン*に三つのヒドロキシメチルが付いていると考える

* よく使われる代表的な緩衝液試薬の一つ．トリスとよばれている．アミノメタンはメチルアミンの別名（慣用名）である．

(2) 元素記号を位置情報として利用する方法

主鎖の位置番号は炭素に付けるため，N や S などのヘテロ元素には番号がない．この場合は，元素記号を番号のように扱い，大文字イタリック体で表記する．

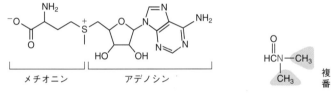

メチオニン　　アデノシン

S-アデノシルメチオニン (SAM)
S-adenosylmethionine

生体内で合成される成分（肝臓）．ポリアミン代謝，細胞周期などにも重要

N,N-ジメチルホルムアミド
N,N-dimethylformamide
（略称：DMF）

複数ある場合は番号同様に繰返す

食品と化合物　エーテルの用途

"エーテル"と聞くと，小学校理科でカエルの解剖をした記憶がよみカエル．一部のエーテルの麻酔作用が古くから知られており，江戸時代には華岡青洲がジエチルエーテルを使用して外科手術をした記録がある．一方，アルコール飲料と同じように，ごく少量のエーテルを果汁などに添加して飲用していた時代がある（近世の欧州）．少量であれば"酔い"がアルコールよりも早いらしい．毒性が明らかとなった現在では信じがたい話である．食品素材中の脂溶性成分抽出工程には，ジエチルエーテルまたはヘキサンの使用が許可されている（厳しい許容残存基準が定められているので心配ない）．このほか，クラウンエーテル類のような大環状エーテル（例：18-クラウン-6，元素数 18 個からなる環のうち 6 個が酸素という意味）は，中心の空洞に金属カチオンを包接（取込む）する化合物として知られ，有機合成反応や環境重金属汚染の除去に利用されている．

18-クラウン-6

■ 4・9 エーテル

エーテルの
一般式
R－O－R′

エーテルは酸素原子に二つのアルキル基が結合したものである. これを**エーテル結合**とよぶ.

エーテルの命名法

エーテルの命名法の基本的な規則は以下のとおりである.

1) 単純な二つのアルキル基をもつ場合は, アルキル基をアルファベット順に並べて, 最後にエーテル (ether) をつけて命名する.

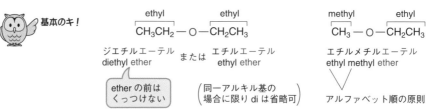

2) エーテル基よりも優先順位上位の官能基がある場合: エーテルの O と結合する小さいアルキル基と合わせてアルコキシ (alkoxy-: RO-) として接頭語にする. 上位の官能基がない場合でも, アルコキシ基が置換したアルカンなどとして, 置換基扱いで命名してもよい (この方が構造を把握しやすい).

よく使われるアルコキシ基:　CH_3O-　　　　メトキシ (methoxy)
　　　　　　　　　　　　　　CH_3CH_2O-　　　エトキシ (ethoxy)
　　　　　　　　　　　　　　$CH_3CH_2CH_2O-$　プロポキシ (propoxy)
　　　　　　　　　　　　　　$CH_3CH_2CH_2CH_2O-$　ブトキシ (butoxy)

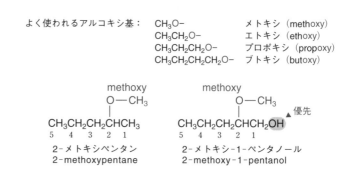

例題 4・6　次のエーテルを命名せよ.

(a)

$$CH_3CH-O-CHCH_3$$
（CH_3 … CH_3）

(b)

$$H_3C-O-CH_2CHCH_2CH_3$$
（CH_3）

〔**解法**〕　(a) は, イソプロピル基 (1-メチルエチル基でもよい) を二つもつエーテルである.

isopropyl
$$CH_3CH-O-CHCH_3$$
（CH_3 … CH_3）
ジイソプロピルエーテル
diisopropyl ether

（b）は，エーテルとして命名すれば2-メチルブチルメチルエーテル（2-methylbutyl methyl ether）だが，CH_3O-部分をメトキシ（methoxy）として接頭語扱いとし，全体をアルカン類として命名してもよい．

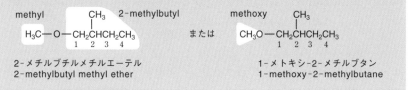

methyl　　　　　　　　CH₃　2-methylbutyl
H₃C—O—CH₂CHCH₂CH₃
　　　　　　　　　1　2　3　4

または

methoxy　　　CH₃
CH₃O—CH₂CHCH₂CH₃
　　　　　　1　2　3　4

2-メチルブチルメチルエーテル
2-methylbutyl methyl ether

1-メトキシ-2-メチルブタン
1-methoxy-2-methylbutane

4・10　芳香族炭化水素

ここではベンゼン環をもつ化合物の命名法について説明する．

芳香族炭化水素の命名法

ベンゼン環には結合する置換基の数によって，一置換，二置換，多置換ベンゼンがある．

1) 一置換ベンゼンの命名法：ベンゼンを母体として，置換基の名前を接頭語として示す．

基本のキ！

ベンゼン
benzene

エチルベンゼン
ethylbenzene

ニトロベンゼン
nitrobenzene

ブロモベンゼン
bromobenzene

2) 二置換ベンゼンの命名法：置換基が二つだけの場合は，位置関係は3種類しかない．これを表すのに，①位置番号表記法，②オルト，メタ，パラ（$o-$，$m-$，$p-$）表記法の2通りの方法がある．IUPACでは位置番号による表記を推奨しているが，オルト，メタ，パラによる表記はわかりやすいのでよく使われる．

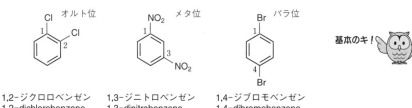

基本のキ！

1,2-ジクロロベンゼン
1,2-dichlorobenzene
$o-$ジクロロベンゼン
$o-$dichlorobenzene

1,3-ジニトロベンゼン
1,3-dinitrobenzene
$m-$ジニトロベンゼン
$m-$dinitrobenzene

1,4-ジブロモベンゼン
1,4-dibromobenzene
$p-$ジブロモベンゼン
$p-$dibromobenzene

3) 多置換ベンゼンの命名法：置換基の位置は番号で示される．このとき，置換基の位置番号は環式アルカンと同じように，それらができるだけ小さくなるようにつける．置換基の並びはアルファベット順とする．

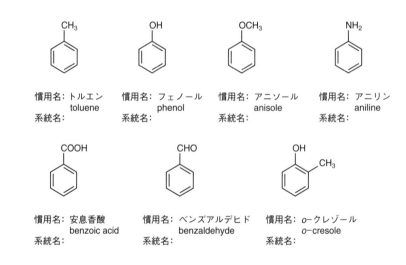

1,3,5-トリニトロベンゼン
1,3,5-trinitrobenzene

1,2-ジクロロ-4-メチルベンゼン
1,2-dichloro-4-methylbenzene

4）ベンゼン環を置換基として扱う場合：ベンゼン環の置換基名はフェニル基である．接頭語**フェニル**（**phenyl-**）で示し，炭化水素置換基と同等のルールで扱う．

フェニル酢酸

5）芳香族炭化水素では慣用名が広く用いられている．以下は慣用名を用いる方がふつうなので覚えておこう．また，それぞれ系統名を書いてみよう．

慣用名：トルエン
toluene
系統名：

慣用名：フェノール
phenol
系統名：

慣用名：アニソール
anisole
系統名：

慣用名：アニリン
aniline
系統名：

慣用名：安息香酸
benzoic acid
系統名：

慣用名：ベンズアルデヒド
benzaldehyde
系統名：

慣用名：*o*-クレゾール
o-cresole
系統名：

また，これらの慣用名を母体名とする場合，母体名称の置換基が結合したベンゼン環炭素を必ず1位とする．複数の置換基がある場合は，最優先順位の置換基を含む一置換ベンゼン名を母体名として用い，その他の置換基は接頭語とする．

3-ヒドロキシ安息香酸
3-hydroxybenzoic acid

3-アミノ-5-メチルフェノール
3-amino-5-methylphenol

3-エチル-2-メチルアニソール
3-ethyl-2-methylanisole

4-エチル-2-フルオロアニリン
4-ethyl-2-fluoroaniline

例題4・7 以下の構造の名称を答えよ.

$$CH_3$$

〔解法〕 系統名としてはベンゼン環に2個のメチル基がついていると考えて 1,2-ジメチルベンゼン（1,2-dimethylbenzene）である. ジメチルベンゼンには キシレン（xylene）という慣用名も認められているので, 1,2-キシレンや*o*-キ シレンでもよい. トルエンに1個のメチル基がついていると考えれば2-メチル トルエン（2-methyltoluene）となる. ベンゼン系化合物には多くの慣用名が認 められているので, まずは単純な化合物について名称を与えられること, 名称か ら構造を起こせることを目標にしよう.

■ 4・11 複素環式化合物

　複素環式化合物（ヘテロ環式化合物ともいう）は, 環を構成する元素に炭素以 外を含むものである. アミノ酸のトリプトファンの骨格であるインドール環やヒ スチジンの側鎖にあるイミダゾール環, 核酸の塩基を構成するプリン骨格とピリ ミジン骨格, 抗生物質ペニシリンのβ-ラクタム環などがある. これらの命名法 は複雑なので本書では扱わない. 下記にあげた環の構造と名称くらいを覚えてお けば十分である.

インドール	イミダゾール	β-ラクタム	プリン	ピリミジン
indole	imidazole	β-lactam	purine	pyrimidine

以下の化合物から上述のヘテロ環骨格を探して色をつけてみよう.

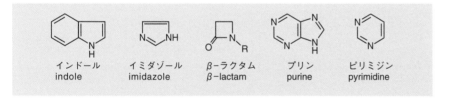

トリプトファン（アミノ酸）　ペニシリンG（抗生物質）　ウリジン（核酸塩基）　ヒスチジン（アミノ酸）　アデノシン5′-三リン酸（ATP）（生体のエネルギー通貨）

お わ り に

　以上で基礎有機化学における主たる命名法の内容は終了する．学習前と比べて何か変わっただろうか？ 今，"2-エチルヘキサノール"という有機化合物名がニュースで流れてきたら，以前とは受ける印象が違ってはいないだろうか？ アルコール類であること，炭素数が6の主鎖をもち，エチル基をもつことなど，この化合物の性質や構造を思い浮かべることができたのではないだろうか？ 化合物名を丸暗記するのではなく，IUPAC命名法という"世界共通化学言語"を習得すれば，化合物名から構造や性質が見えるようになる．

例題4・8　アミノ酸のイソロイシンの系統名を答えよ．

$$H_3C-CH_2$$
$$\underset{H_3C}{\overset{|}{\diagdown}}CH-CH-COOH$$
$$\underset{NH_2}{\overset{|}{}}$$

イソロイシン
isoleucine

　〔**解法**〕　はじめに主鎖（母体名）を確認する．重要なポイントは，最優先官能基を主鎖が含んでいることである．この場合，カルボキシ基が最優先（カルボキシ基＞アミノ基）なので，主鎖はカルボキシ基を含む最も長い鎖を選ぶ．炭素数5個が最長となり，主鎖（母体名）がペンタン（pentane）と決まる．最優先官能基がカルボキシ基なので，接尾語は -oic acid となる．"e"を外して主鎖＋接尾語でペンタン酸（pentanoic acid）が決まる．

　つぎに最優先官能基が最小となるよう主鎖に番号をつける．二つの置換基，メチル基とアミノ基は接頭語となる．接頭語をアルファベット順に並べ（amino＞methyl），置換位置を表示して2-アミノ-3-メチルペンタン酸（2-amino-3-methylpentanoic acid）が確定する．

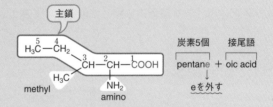

2-アミノ-3-メチルペンタン酸
2-amino-3-methylpentanoic acid

　IUPAC名の方が長たらしいし，アミノ酸については慣用名でしかほぼお目にかからないので慣用名は覚えておく必要がある．しかし，イソロイシンという慣用名からは構造はまったく思い浮かんでこない．一方，系統名から構造式を描いてみよう．ペンタン酸から炭素数5個のカルボン酸がまず描ける．その2位にアミノ基，5位にメチル基をつなげれば完成．IUPAC系統名が化合物の"世界共通化学言語"であることを感じられただろうか？

■ 章 末 問 題

すべて立体異性は無視して答えよ.

問題 4・1　次の化合物を命名せよ.

(a)★

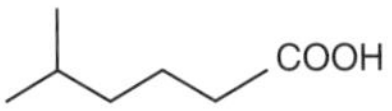

(b)★

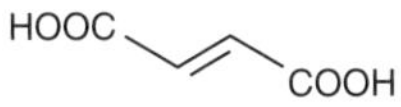

(c)★

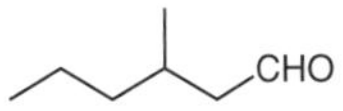

(d)★

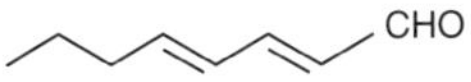

(e)★★

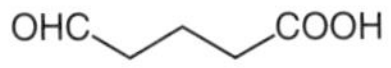

(f)★★

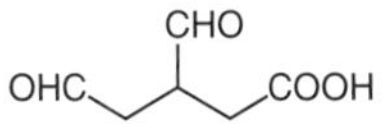

(g)★

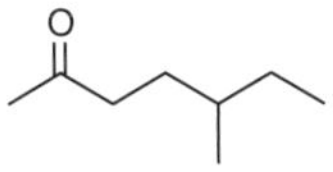

(h)★

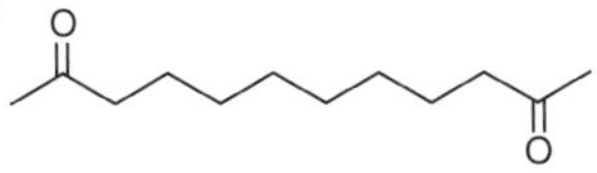

(i)★★

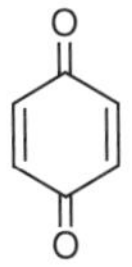

(j)★

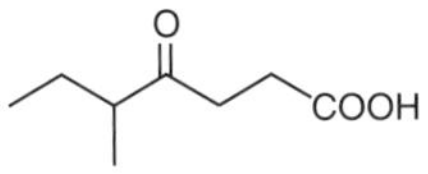

(k)★

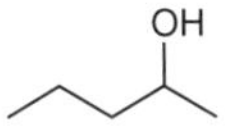

(l)★

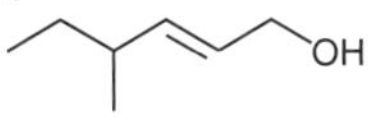

(m)★

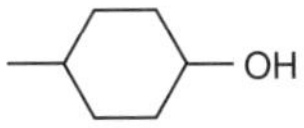

(n)★

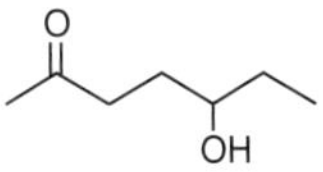

(o)★

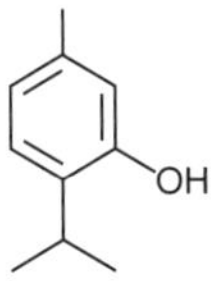

(p)★

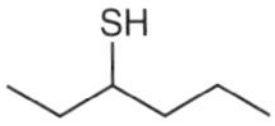

(q)★★

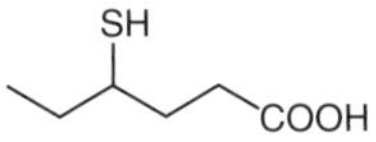

(r)★

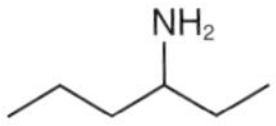

(s)★

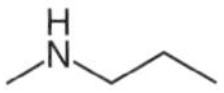

(t)★★

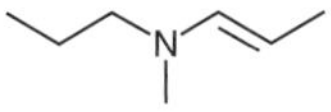

(u)★

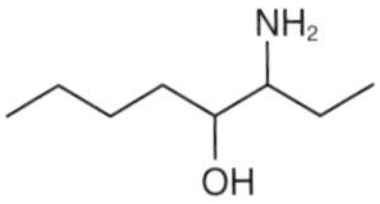

(v)★

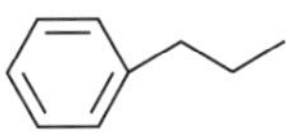

(w)★★

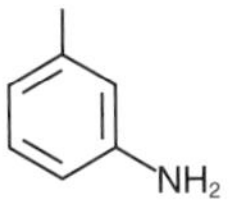

(x)★

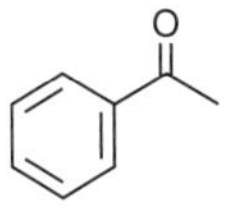

(y)★★

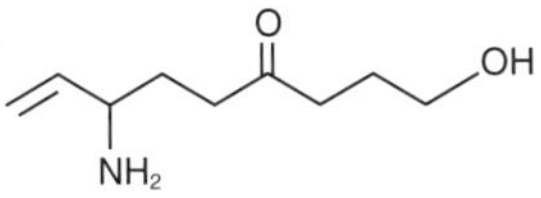

(z)★

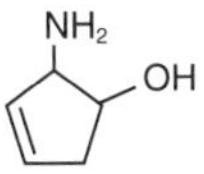

問題 4・2　次の化合物の構造式を書け.

(a)★　ブタン酸　butanoic acid（慣用名: 酪酸）

(b)★　メタナール　methanal（慣用名: ホルムアルデヒド）

(c)★★　2-ノネナール　2-nonenal（いわゆる加齢臭として知られる化合物）

(d)★★　2-ホルミルヘキサン酸　2-formylhexanoic acid

(e)★　2-プロパノン　2-propanone（慣用名: アセトン）

(f)★　2-オキソプロパン酸　2-oxopropanoic acid
　　　（慣用名: ピルビン酸, 2-オキソプロピオン酸）

(g) ★   1,2-プロパンジオール   1,2-propanediol（慣用名：プロピレングリコール）

(h) ★   2-ヒドロキシプロパン酸   2-hydroxypropanoic acid
        （慣用名：乳酸，2-ヒドロキシプロピオン酸）

(i) ★   2-クロロ-4-プロピルフェノール   2-chloro-4-propylphenol

(j) ★   3-メチルブタンチオール   3-methylbutanethiol（スカンクの発する悪臭の一つ）

(k) ★   4-メチル-4-スルファニル-2-ペンタノン
        4-methyl-4-sulfanyl-2-pentanone（新茶特有のグリーンな香り成分）

(l) ★   3-ヘキサンアミン   3-hexanamine

(m)★★   N-エチル-4-メチル-3-ヘキサンアミン
        N-ethyl-4-methyl-3-hexanamine

(n) ★   ジブチルアミン   dibutylamine

(o) ★★★   2-(3,4-ジヒドロキシフェニル)エチルアミン
        2-(3,4-dihydroxyphenyl)ethylamine
        （慣用名：ドーパミン）（神経伝達物質の一つ）

(p) ★   2-アミノプロパン酸   2-aminopropanoic acid
        （慣用名：アラニン，2-アミノプロピオン酸）

(q) ★   2,5-ジアミノペンタン酸   2,5-diaminopentanoic acid（慣用名：オルニチン）
        （アミノ酸の一種．発酵食品中のうま味としても知られる）

問題 4・3　次の化合物を命名せよ．

(a)★

(b)★

(c)★　　◯—O—CH₂CH₃

(d)★★

(e)★　　OCH₃

-OCH₃ をメトキシ基
として命名せよ．

(f)★

問題 4・4　次の化合物の構造を書け．

(a) ★   ペンタン酸無水物   pentanoic anhydride

(b) ★   ヘキサン酸メチル   methylhexanoate（リンゴなど果実の香り成分）

(c) ★   2-ヒドロキシブタンアミド   2-hydroxybutanamide

(d) ★★   N,N-ジエチル-3-メチルブタンアミド   N,N-diethyl-3-methylbutanamide

(e) ★   シクロペンチルメチルエーテル   cyclopentyl ethyl ether

(f) ★   4-メトキシ-3-メチルヘキセン   4-methoxy-3-methylhexene

(g) ★★   2-クロロ-2-(ジフルオロメトキシ)-1,1,1-トリフルオロエタン
        2-chloro-2-(difluoromethoxy)-1,1,1-trifluoroethane
        （イソフルラン®：獣医学領域での麻酔薬）

(h) ★   1,2-ジメチルベンゼン   1,2-dimethylbenzene

(i) ★   2,4,6-トリニトロトルエン   2,4,6-trinitrotoluene（TNT 火薬）
        （ヒント：トルエンの系統名はメチルベンゼンである）

問題 4・5 ★　オリーブ油にはオレイン酸が豊富に含まれている．オレイン酸の系統名は *cis*-9-オクタデセン酸　*cis*-9-octadecenoic acid（*cis*-octadec-9-enoic acid）である．オレイン酸の構造を書け．

問題 4・6 ★★★　二重結合が二つ，三重結合が二つ，官能基はアルコールが一つの化合物で動物を描き，"動物名 ＋ enynenynol" と勝手に命名してみる．たとえば，アヒルを描いたならば "Duckenynenynol" と命名する．以下の化合物について答えよ．

［D. Ryan, *J. Chem. Edu.*, **74**(**7**), 781-782（1997）より］

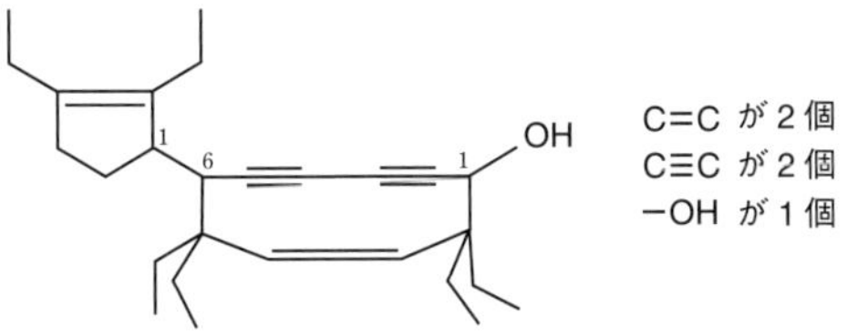

C=C が 2 個
C≡C が 2 個
−OH が 1 個

(a) IUPAC に従って命名せよ．
(b) 例にならって英語で名づけよ．

5 立 体 化 学

【学習目標】
1 幾何異性体の表記を理解する.
2 鏡像異性体の表記を理解する.
3 シクロヘキサンの立体配座を理解する.

　私たちの身の回りのさまざまなものと同様に，有機化合物のひとつひとつも立体である．生物はある特定の立体構造をもつ化合物のみを選択的に認識して生命活動を営んでいることが多い．たとえば糖の甘さの感じ方でも，立体異性体の β-フルクトースは α-フルクトースより３倍も甘い*．したがって食物学，栄養学で学ぶさまざまな有機化合物の立体構造について正しく理解することは大変重要である．本章ではおもに立体構造の種類と表記法を学ぶ．

*　第 8 章 p.121 のコラム参照.

　構造式で結合の立体的な向きを描くのにはくさび表記が用いられる（図 5・1）.

　（a）紙面を水平に置いたときの表記

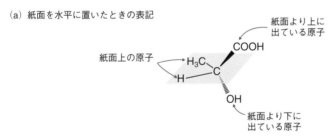

基本のキ！

　（b）紙面を垂直に置いたときの表記

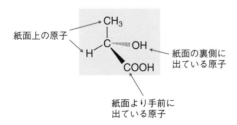

図 5・1　くさび表記

分子を水平な紙面に置いて上から観察したとき，自分（紙面の上）に向かって伸びている化学結合をくさび（◀━）で，紙面の下に向かって伸びている化学結合を破線くさび（━┉┉）で，紙面上に伸びている結合を実線（━━）で表す．紙面を垂直に立てた形でくさび表記をしてもよい．

5・1 幾 何 異 性 体

炭素‐炭素が単結合しているとき，その結合は自由に回転できる．したがって残りの結合に回転に伴う位置関係の変化による立体的な区別はない（図5・2）．

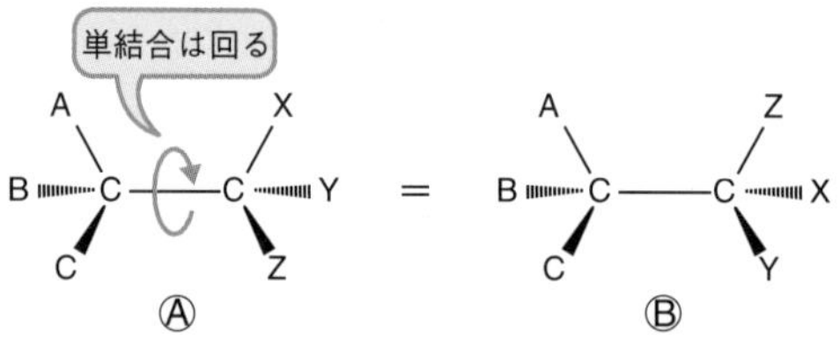

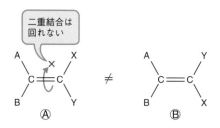

図 5・2 炭素‐炭素単結合の自由回転 単結合は自由に回転するため，ある瞬間にⒶの形でも次の瞬間にはⒷになっているかもしれない．

一方，炭素‐炭素が二重結合している場合は，結合を軸とした回転ができない*．図5・3のように炭素‐炭素二重結合を形成する炭素に異なる置換基が結合していると，ⒶとⒷは立体的に異なる．このように結合が回転できないことにより生じる立体異性体を**幾何異性体**という．

* π結合をもつためである（§2・6参照）．

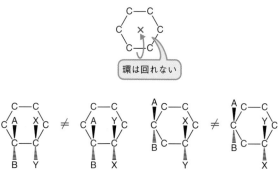

図 5・3 炭素‐炭素二重結合による幾何異性体

また，環構造をもつ有機化合物では単結合であっても環構造を形成する結合を軸とした回転をすることはできない（環構造により，炭素の結合の向きが固定されてしまうため）．したがって環を形成する炭素に異なる置換基が結合している場合，幾何異性体が存在する．環内の隣接している炭素‐炭素間のみでなく，離れた炭素‐炭素間でも幾何異性体となる（図5・4）．

図 5・4 環構造による幾何異性体

5・1・1　シス-トランス表記

　幾何異性体を化合物名で区別する最も簡便な表記は**シス**（***cis-***）と**トランス**（***trans-***）である．図5・5に示すように，二重結合あるいは環構造の同じ側にHではないほうの置換基があるものをシス体，異なる側にあるものをトランス体という*.

*　IUPAC では，二重結合炭素あるいは環内炭素の置換基のうちの一つが H である幾何異性体の区別にのみシス-トランス表記を用いることが推奨されている.

基本のキ！

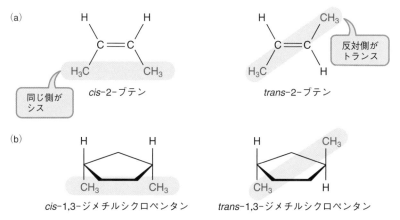

図 5・5　シス-トランス表記

食品と化合物　トランス脂肪酸

　食物栄養分野で幾何異性体が注目される例として，油脂を構成する脂肪酸があげられる．天然の油脂中の脂肪酸に存在する炭素-炭素二重結合はほとんどすべてシス体である．たとえばナタネ油などに多く含まれるオレイン酸はシス形の炭素-炭素二重結合を一つもち，その二重結合を頂点として脂肪酸はV字型の構造をとる．一方，同じ位置にトランスの炭素-炭素二重結合をもつトランス体のエライジン酸はほぼ直線型の構造をとることになる．このようにシス体とトランス体では大きく化学構造が異なる．食品加工では，植物油を原料として，常温で固体の油脂（マーガリンなど）を作る目的で油脂中の脂肪酸の二重結合への水素添加（飽和化）を行うが，このときに副産物として少量のトランス体の脂肪酸が生じることが知られている．トランス脂肪酸は，健康への影響が懸念されている．

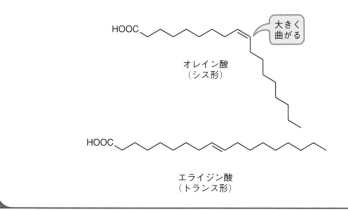

5・1・2　EZ表記

シス–トランス表記はわかりやすく便利だが, 置換基の種類がすべて違う場合など対応できないことも多い. たとえば下の二つの化合物は幾何異性体であるがシス, トランスでは表記できない.

そこで, より広い化合物に適用できる幾何異性体表記として, **EZ表記**がある.

EZ表記では**カーン・インゴールド・プレログ**（Cahn-Ingold-Prelog）**順位則**を用いて置換基の優先順位を決め, 優先順位の高い置換基が二重結合の反対側にある場合を*E*, 同じ側にある場合を*Z*と決定する＊（図 5・6）. *E*か*Z*かを判別したら, 化合物名の頭に（*E*）–または（*Z*）–をつけて表記する.

なお, 幾何異性を複数もつ化合物については, たとえば（2*E*, 5*Z*）–のようにC2＝C3の二重結合は*E*, C5＝C6の二重結合は*Z*と, それぞれの二重結合の立体がわかるように示す.

＊ *E*はドイツ語 entgegen の頭文字で“逆に, 反対に”という意味, *Z*は zusammen の頭文字で“一緒に, 共に”という意味である.

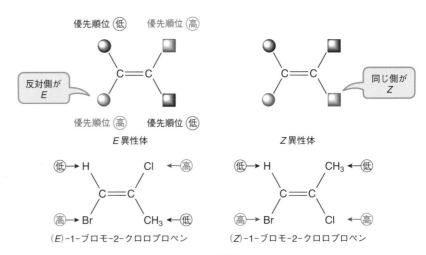

図 5・6　*E*異性体と*Z*異性体

カーン・インゴールド・プレログ順位則

① 二重結合に直接結合している原子の原子番号を比べる. 原子番号が大きいほど, その置換基の優先順位は高い. よく出てくる原子の順位は Br ＞ Cl ＞ F ＞ O ＞ N ＞ C ＞ H である. 図 5・6の化合物を例として考えると, Br と H では Br が優先順位が高く, Cl と C では Cl の優先順位が高い.

② 二重結合炭素に直接結合している原子が同じ場合, 残り三つの結合相手の原子の原子番号を比較する（図 5・7a）. 置換基がアルコール（–CH$_2$OH）とメチル基（–CH$_3$）の場合, アルコールが優先順位高となる. よく出てくる枝分かれアルキル基の優先順位は –C(CH$_3$)$_3$ ＞ –CH(CH$_3$)$_2$ ＞ –CH$_2$CH$_3$ ＞ –CH$_3$ となる.

　2番目の原子の比較で決着がつかない場合には，2番目の原子のうち最も優先順位の高い原子の次の結合相手を比較する．それでも決着がつかなければその次，と決着がつくまで順次比較していく（図5・7b）．したがって直鎖のアルキル基同士では，炭素鎖が長い方が優先順位は高くなる．図5・7の化合物はどちらも E 体ということになる．

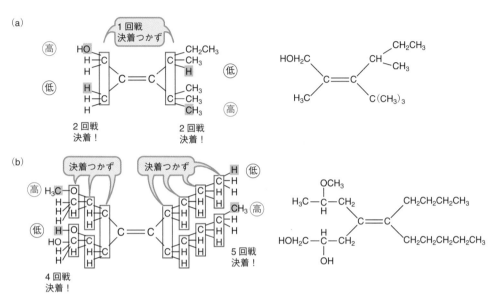

図 5・7　二重結合に同じ原子が結合している場合の優先順位　(a) 残りの三つの結合相手（2番目）を比べる．(b) 2番目でも決着がつかない場合は3番目，4番目……と比べていく．このとき，優先順位の高い原子を追っていくことに注意．左側の4番目は，Cの先ではなくOの先を比べる．

③ 置換基が二重結合している場合は，その原子が二つ単結合しているとして①，②のルールを適用する（図5・8）．（三重結合の場合は三つ単結合していると考える．）

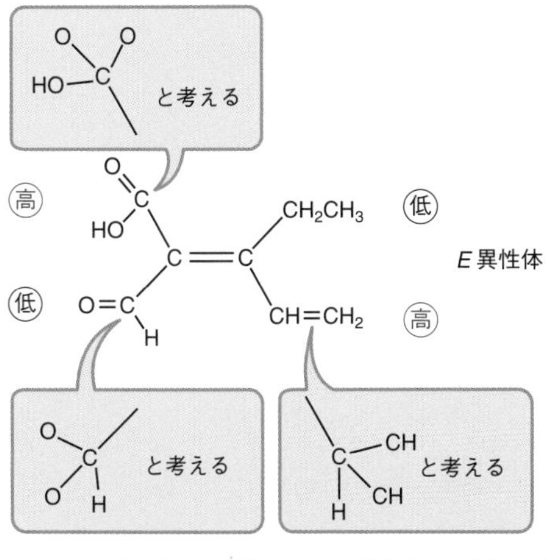

図 5・8　置換基が二重結合，三重結合を含む場合の優先順位

5・2　鏡 像 異 性 体

　　ある単結合した炭素原子とそれに結合する四つの異なる置換基（A, B, C, D）の立体関係を考えてみよう（図5・9）．このような置換基がすべて異なる炭素原子を**不斉炭素**とよぶ．**不斉中心**とよぶこともある．

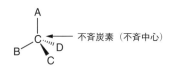

図 5・9　不斉炭素からの結合の立体配置

　　この場合，置換基 A と B は紙面上にあり，置換基 C は紙面より手前に，置換基 D は紙面より向こう側にある．これを鏡に映したときに見える構造を書くと図5・10右のようになる．元の化合物とその鏡像体の関係は，右手と左手の関係と同じで，上下左右どのように回転しても重ね合わせることができない．このような関係にある立体異性体を**鏡像異性体**（**エナンチオマー** enantiomer）という．

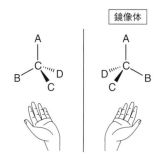

図 5・10　不斉化合物と鏡像体

* 不斉炭素をもち重ね合わせられない鏡像異性体が存在する化合物を**キラル**（chiral），もたない化合物を**アキラル**（achiral）という．

　　鏡像異性体同士の物理化学的性質は，立体関係が関与しない環境ではまったく同一である（たとえば分子式や融点など）．しかし，われわれ生物が関わる環境では大きな違いが生じる．糖やアミノ酸など生体内分子の多くはキラル*な化合

アドバンス　ラセミ体と不斉合成

　　鏡像異性体の混合物を**ラセミ体**という．化学合成反応で鏡像異性体の一方だけをつくるのは難しく，ラセミ体が生じることが多い．しかし，医薬品などでは鏡像異性体の一方が毒性を発現することもあり，ラセミ体では目的に合わないことも多い．光学的に不活性な原料から，光学活性な生成物を合成すること，すなわち鏡像異性体の片方のみを選択的に合成する手法を**不斉合成**（asymmetric synthesis）という．野依良治博士は，キラル触媒である BINAP（2,2′-bis(diphenylphosphino)-1,1′-binaphthyl）を用いてメントールの不斉合成を実現した．（＋）-メントールには天然型の（−）-メントールでは感じられないわずかな苦味や香調の違いがある．野依博士は BINAP による不斉合成技術の確立が評価されて，ノーベル化学賞を受賞している．効率的な不斉合成法の開発は，有機化学における大きな研究分野である．

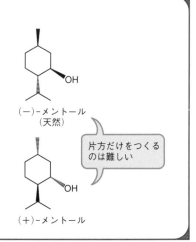

物であり，細胞内の生命活動の多くはキラルな環境下で行われる．たとえば酵素
と基質が結合する部位は，基質の立体的な分子情報を厳密に判定する環境であ
り，複数の鏡像異性体が存在してもそのうちの一つしか結合できない．このよう
に特定の立体異性体のみが関与する反応を**立体特異的**であるといい，これは生命
活動の大変重要な特徴である．たとえば，L-アスパラギンはごく弱いうま味や
酸味を呈するが，D-アスパラギンは強い甘みを呈する．また，ジャスミン茶の
主要な香気成分であるリナロール（天然: R 体）は，副交感神経の活性化に伴う
リラックス効果が高いのに対し，柑橘果皮に多いリナロール（天然: S 体）のリ
ラックス効果は低い．

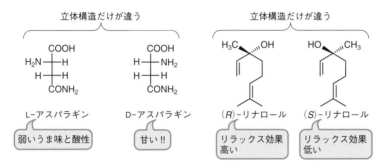

鏡像異性体を区別するための名称表記には，施光性という実際の物理的性質の
違いで区別する（＋），（−）**表記**（***dl* 表記**），糖やアミノ酸に慣例的に使われて
いる **DL 表記**，構造式をもとにすべての化合物に適用できる ***RS* 表記**がある．以
下にそれぞれの表記法の由来とルール，表記例などについて説明する．

5・2・1　（＋），（−）表記（***dl* 表記**）

鏡像異性体同士は多くの物理化学的性質をもつ．ただし一つだけ，旋光性とい
う性質で区別できる．

自然光の振動面はあらゆる方向を向いているが，偏光板を通すと，一方向のみ
で振動する偏光が得られ，その振動面を偏光面という．不斉炭素をもつ化合物を
水などに溶解した溶液に偏光を通すと，その偏光面の角度が変わる．この現象を
旋光性という（図 5・11）．溶液を通過するときに偏光を時計回り（右回り）に
回転させる性質を右旋性（＋），反時計回り（左回り）に回転させる性質を左旋
性（−）とよび，鏡像異性体の一方は右旋性，もう一方は左旋性である．このた

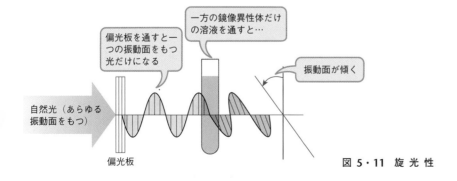

図 5・11　旋 光 性

め鏡像異性体を**光学異性体**ともよぶ．

化合物名は，先頭に（＋）-，（－）-を付して表記する（図5・12）．なお，（＋）を *d*-，（－）を *l*-で示すこともある[*1]．鏡像異性体のどちらが（＋）になるかを構造式から予想することはできないので，実際に旋光性を測定したものについてのみ表記可能である．

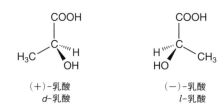

*1　*d* は dextrorotatory（右旋性）
l は levorotatory（左旋性）
の略である．

COOH
H_3C
C
H
OH
COOH
H
C
CH_3
HO

（＋）-乳酸　*d*-乳酸　　（－）-乳酸　*l*-乳酸

図 5・12　乳酸の（＋），（－）表記（*dl* 表記）

5・2・2　DL 表記

1874年に，Le Bel らはグリセルアルデヒドの鏡像異性体（図5・13）を合成し，それぞれを水に溶かして旋光性を調べた．

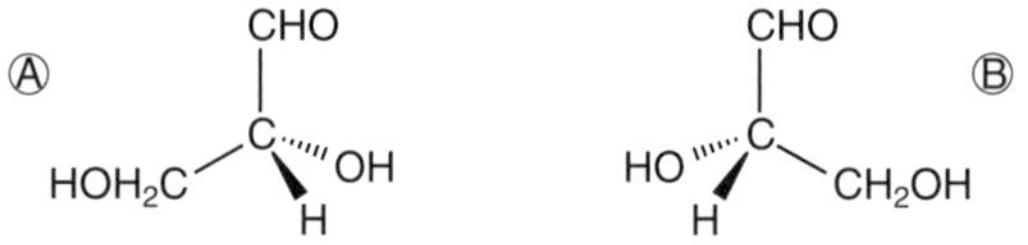

Ⓐ
CHO
HOH_2C
C
OH
H
CHO
Ⓑ
HO
C
CH_2OH
H

（＋）-グリセルアルデヒド　D-グリセルアルデヒド　　（－）-グリセルアルデヒド　L-グリセルアルデヒド

図 5・13　グリセルアルデヒドの DL 表記

その結果，Ⓐのグリセルアルデヒドが右旋性（＋），Ⓑが左旋性（－）をもつことが判明した．そこで（＋）-グリセルアルデヒドを D-グリセルアルデヒド，（－）-グリセルアルデヒドを L-グリセルアルデヒドとよぶこととした．そして，D-グリセルアルデヒドを出発材料として化学合成したキラル化合物を D 型，L-グリセルアルデヒドを出発材料として化学合成したキラル化合物を L 型と便宜的によぶこととした[*2]．

*2　右旋性と左旋性に由来する（dextrorotatory → D，levorotatory → L）．しかしながら，D-グリセルアルデヒドから化学合成される不斉化合物が必ず右旋性となるわけではなく，（＋）＝D，（－）＝L ではないので，注意が必要である．

アミノ酸や糖類はグリセルアルデヒドからの化学合成のよい対象であったため，この DL 表記で鏡像異性体を区別することが現在でも慣例となっている．（L-アミノ酸は L-グリセルアルデヒドから，D 糖は D-グリセルアルデヒドから化学合成できる）．

5・2・3　*RS* 表記

身近な化合物である糖やアミノ酸はグリセルアルデヒドを出発原料として化学合成されてきたため DL 表記で示すことができる．また鏡像異性体をそれぞれ化学合成して旋光性を実際に調べれば（＋），（－）表記することもできる．しかし，これらに該当しないものには適用できない．そこで考案されたのが，構造式をも

とにする *RS* 表記である．*RS* 表記のルールを以下に示す（図 5・14）．

① まずカーン・インゴールド・プレログ順位則（§5・1・2, p.72）に従い，四つの置換基の優先順位を決定する．

② 4 位（最も優先度の低い置換基）を自分から離すように向け，残りの三つの置換基を自分の方に向ける．

③ 三つの置換基の優先順（1→2→3）が右回り（時計回り）になるものを *R* 体，左回り（反時計回り）になるものを *S* 体とよぶ*.

*　*R* はラテン語の *rectus*（右），*S* は *sinister*（左）に由来．

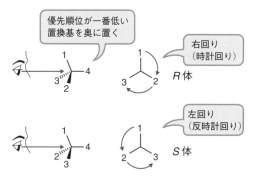

図 5・14　*RS* の決め方

R, S を判定したら，化合物名の先頭に（*R*）-，（*S*）-を付して表記する．なお，不斉炭素を複数もつ化合物については，たとえば（*3R, 4S, 7S*）-のように，位置番号 3 の不斉炭素は *R*，位置番号 4 の不斉炭素は *S*，位置番号 7 の不斉炭素は *S* と各不斉炭素の立体がわかるように示す．

例題 5・1　（＋）-乳酸と（−）-乳酸を *RS* 表記せよ．

〔解法〕　乳酸の四つの置換基の優先順位を決める．1 位: OH，2 位: COOH，3 位: CH_3，4 位: H となるので，4 位の H が奥になる方向から見る．（＋）-乳酸は 1→2→3 が左回りなので（*S*）-乳酸，（−）-乳酸は右回りなので（*R*）-乳酸である．IUPAC では系統的命名法として *RS* 表示を推奨しているが，乳酸のように古くから知られている化合物では，現在でも（＋），（−）表示がよく使われている．

COOH
H_3C — C ''''H
　　　　OH
（＋）-乳酸

(2) COOH
H_3C — H (4)
(3) OH (1)
（*S*）-乳酸

2
3　　1

COOH
H — C — CH_3
HO
（−）-乳酸

(2) COOH
HO — H (4)
(1) CH_3 (3)
（*R*）-乳酸

2
1　　3

5・2・4 フィッシャー投影式

　フィッシャー投影式は, 1890年代に Emil Fischer により鎖状構造の糖の立体配置表記法として考案された. 食物栄養学で大切な糖やアミノ酸, 解糖系や TCA 回路中の化合物の表記にもよく用いられるので, しっかり覚えておこう. ルールは以下の通りである (図5・15).

基本のキ!

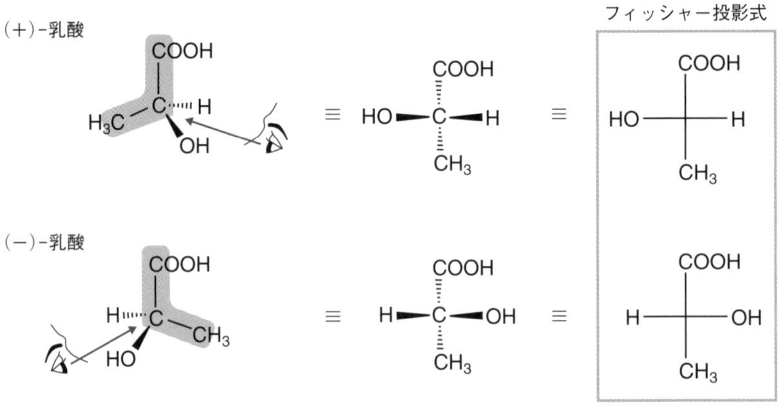

図 5・15　フィッシャー投影式の描き方

*　正確には, 末端の炭素を比較して, 酸化数の大きい方を上に置く. 酸化数が同じ場合は次の炭素を比較する. (酸化数の数え方については p.82 のコラムを参照)

① 炭素-炭素結合を上下に並べるように描く. 炭素鎖の中にカルボニル炭素 (C=O) がある場合, それを上側に置く*.

② 投影式上の各炭素原子に注目したとき, 上下の炭素との結合は紙面の向こう (自分から離れる) 側, 左右の置換基は紙面の手前 (自分に向かう) 側と約束する.

例題5・2　(+)-グリセルアルデヒド (D-グリセルアルデヒド) をフィッシャー投影式で描いてみよう.

　〔**解法**〕 (+)-グリセルアルデヒドの構造式を, アルデヒド基 (CHO) を上に, 炭素-炭素-炭素結合が上下に並び, かつ上下の炭素が真ん中の炭素より奥になるように紙面を右側から見る (そう見えるように構造式を見るのであって, いつも右側から見るということではない). すると, 左右の結合は手前 (自分に向かう) 側に伸びており, この立体を記載すると中央の式のようになる. これをこのままフィッシャー投影式とすればよい.

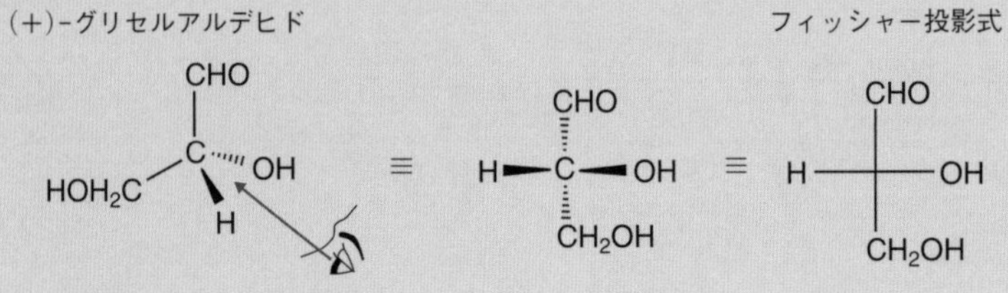

例題5・3 L-トレオニンをフィッシャー投影式で描いてみよう.

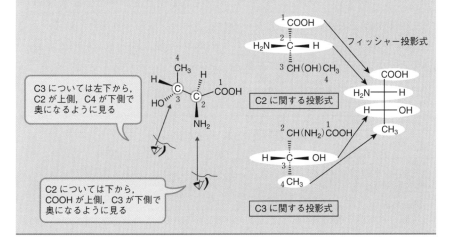

〔**解法**〕 不斉炭素が複数ある場合のフィッシャー投影式は少し難しく，不斉炭素ごとに視点を変えていかなければならない．図に示すように，不斉炭素 C2 については構造式を下から COOH が上，C3 が下になるように見る．C2 から上下の炭素鎖結合は向こう（自分から離れる）側に，左右の結合は手前（自分に向かう）側に伸びており，この立体を記載すると中央の "C2 に関する投影式" のようになる．

同様に不斉炭素 C3 については構造式を左下から C2 が上，CH3 が下になるように見る．C3 から上下の炭素鎖結合は向こう（自分から離れる）側に，左右の結合は手前（自分に向かう）側に伸びており，この立体を記載すると中央の "C3 に関する投影式" のようになる．フィッシャー投影式は，この二つの投影式を統合した右側の図で示される．

5・3 ジアステレオマーとエピマー

トレオニンのように一つの化合物に複数の不斉炭素が存在することも多い．各不斉炭素は R または S 配置のどちらかであり，L-トレオニンは $(2S, 3R)$ 配置である（図5・16）．したがって，L-トレオニンの鏡像異性体である D-トレオニンは $(2R, 3S)$ 配置であるが，これ以外に $(2S, 3S)$，$(2R, 3R)$ という異性体が存在する．$(2S, 3S)$ 体の L-アロトレオニンと，$(2R, 3R)$ 体の D-アロトレオニンは鏡像異性体の関係にあるが，L-トレオニンの鏡像異性体ではない．このような関係をジアステレオマー（diastereomer）とよぶ*.

* 一般に n 個の不斉炭素をもつ化合物には 2^n 個の立体異性体が存在するので，ジアステレオマーの関係にある立体異性体は "$2^n - 2$（自化合物およびその鏡像異性体）" 個存在する.

鏡像異性体は，旋光性以外は同一の物理化学的性質をもつが，ジアステレオマーの関係にある化合物の物理化学的性質は異なる．

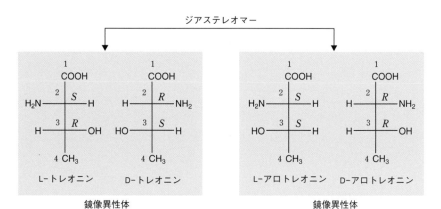

図 5・16　ジアステレオマーの関係

ジアステレオマーの関係にある異性体のうち，不斉炭素の立体が一つだけ異なるものを特に**エピマー**（epimer）という．食物栄養学によく出てくる単糖のうち，D-グルコースと D-ガラクトースは C4 の立体のみ異なるエピマーであり，D-グルコースと D-マンノースは C2 の立体の異なるエピマーである（図5・18）．生物は酵素を用いて，エピマーをはっきりと区別して利用している．たとえばわれわれは D-グルコースを主たるエネルギー源として容易に分解できるが，D-マンノースはほとんど分解できない．

> ### アドバンス　エリトロとトレオ
>
> 　食品を含む天然物質には，不斉炭素同士が結合し，かつそれらの残る三つの結合のうち二つが同一の置換基であるものがよく見受けられる．このような物質の立体異性を区別するため，**エリトロ**（*erythro-*），**トレオ**（*threo-*）という接頭語を利用する慣例がある．
>
> 　フィッシャー投影式を用いてこのような物質を表記するとき，左右に出た置換基の同じ側が同一の置換基となっているものを，*erythro-*，反対側に同一の置換基をもつものを *threo-* で表して区別する（図5・17）．
>
>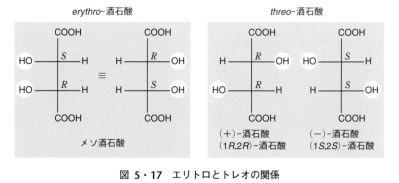
>
> 図 5・17　エリトロとトレオの関係

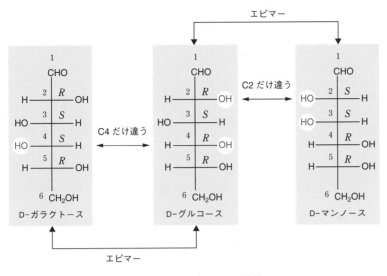

図 5・18　エピマーの関係

アドバンス　メ　ソ　体

　化合物中に二つの不斉炭素が存在するとき，その鏡像体を回転すると元の化合物と重ね合わせられる場合がある．そのような化合物は構造中に対称な面があり，その面を挟んで鏡像関係があるため，不斉炭素をもつがキラルではない．このような化合物を**メソ体**とよぶ．たとえば酒石酸の立体異性体は図5・19に示す3種である．

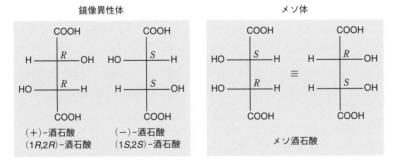

図 5・19　メ　ソ　体

メソ酒石酸の鏡像体は重ね合わせられるので，鏡像異性体にならない．下図のようにくるっとひっくり返すとわかる．

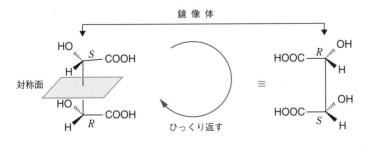

> **アドバンス**　有機化合物中の炭素の酸化数のカウントルール
>
> 　有機化合物中の炭素の酸化数の数え方は以下の通りである（無機化合物とは異なる）. カウントする炭素とそれに結合している原子とで電気陰性度を比較し, 炭素のほうが電気陰性度が大きければ（C–H 結合など）"−1", 小さければ（C–O, C–N 結合など）"＋1" として, その総和となる. 炭素同士の結合(C–C)は電気陰性度が同じなので無視してよい.
>
> ［例］（R はアルキル基）
>
> | | | |
> |---|---|---|
> | CH_4: | C–H 4 本 | → 酸化数は （−1）× 4 ＝ −4 |
> | C_2H_6: | 二つの C いずれも C–H 3 本 | → 酸化数は （−1）× 3 ＝ −3 |
> | C_2H_4: | 二つの C いずれも C–H 2 本 | → 酸化数は （−1）× 2 ＝ −2 |
> | C_2H_2: | 二つの C いずれも C–H 1 本 | → 酸化数は （−1）× 1 ＝ −1 |
> | CH_3OH: | C–H 3 本, C–O 1 本 | → 酸化数は （−1）× 3 ＋（＋1）× 1 ＝ −2 |
> | RCH_2OH: | C–H 2 本, C–O 1 本 | → 酸化数は （−1）× 2 ＋（＋1）× 1 ＝ −1 |
> | HCHO: | C–H 2 本, C–O 2 本* | → 酸化数は （−1）× 2 ＋（＋1）× 2 ＝ 0 |
> | RCHO: | C–H 1 本, C–O 2 本* | → 酸化数は （−1）× 1 ＋（＋1）× 2 ＝ ＋1 |
> | HCOOH: | C–H 1 本, C–O 3 本* | → 酸化数は （−1）× 1 ＋（＋1）× 3 ＝ ＋2 |
> | RCOOH: | C–O 3 本*, C–C 1 本 | → 酸化数は （＋1）× 3 ＝ ＋3 |
> | CH_3NH_2: | C–H 3 本, C–N 1 本 | → 酸化数は （−1）× 3 ＋（＋1）× 1 ＝ −2 |

* カーン・インゴールド・プレログ順位則同様の考え方で C=O は C–O 2 本と数える.

5・4　立体を含めた有機化合物の命名法

　第 3 章, 第 4 章では立体異性を無視して有機化合物の命名法を解説した. 本章で立体異性を表す表記法を学んだので, ここに立体異性にかかわる名称の与え方をまとめる. IUPAC では幾何異性については E, Z 表記, 鏡像異性については $R,$ S 表記で名称を与えることを推奨している.

　立体異性をもつ有機化合物の命名では, まず立体異性を無視して名称を組立てる. ついで, その先頭に $(3R, 4E)$- のように, （ ）内に立体異性表記をつける. 位置番号のつけ方と, （ ）内の並び順は以下の通りである.

1) **位置番号**: 立体異性をもつ炭素の位置番号を, 立体表記（R, S, E, Z）の前につける. 幾何異性（二重結合）の場合は若いほうの番号を使う. 鏡像異性, 幾何異性が一つしかない場合は, 位置番号を省略する.

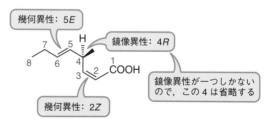

(R, 2Z, 5E)−4−メチルオクタ−2,5−ジエン酸
(R, 2Z, 5E)−4−methylocta−2,5−dienoic acid

2) **並び順**: 位置番号の小さい順に並べる.

5・5　立 体 配 座

　立体配座（conformation）とは，炭素間の単結合のように回転可能な結合にお
ける各原子の空間内での配置のことである．たとえば図5・20の④と⑧は炭素-
炭素結合が自由に回転するので同じ化合物である．しかしある瞬間をとらえれば
④と⑧は違う形状をしている．これを**配座異性体**という．回転の角度は無限にあ
るので，配座異性体には無限に近いパターンが存在しうる．ただし，立体障害や
置換基のかさ高さ（大きさ）などにより，存在のしやすさ（＝内部エネルギー）
には差がある．物理化学的分野だが，数式が出てくる難しいレベルまでは立ち入
らないので，"まぁ，状態（形）でもながめてやるか"という感覚で気軽に読ん
でほしい．

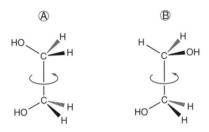

図 5・20　配 座 異 性 体

5・5・1　ニ ュ ー マ ン 投 影 式

　立体配座については**ニューマン投影式**を用いるとわかりやすい．ニューマン投
影式の描き方は図5・21の通りである．

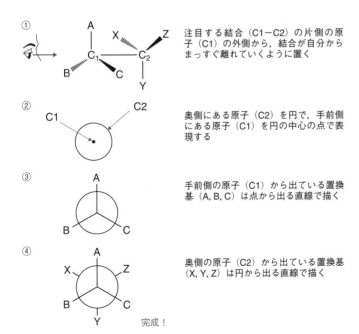

① 注目する結合（C1-C2）の片側の原子（C1）の外側から，結合が自分からまっすぐ離れていくように置く

② 奥側にある原子（C2）を円で，手前側にある原子（C1）を円の中心の点で表現する

③ 手前側の原子（C1）から出ている置換基（A, B, C）は点から出る直線で描く

④ 奥側の原子（C2）から出ている置換基（X, Y, Z）は円から出る直線で描く

完成！

図 5・21　ニューマン投影式

5・5・2　鎖状飽和炭化水素の立体配座

i）エタンの立体配座

まず，簡単なエタン（CH_3-CH_3）をながめてみよう．ニューマン投影式でエタンを描くと図5・22のようになり，炭素-炭素結合の軸方向から見た水素の配置は無限にあることがわかる．配座Ⓐの状態を**重なり形**（eclipsed），最も空間的に離れたⒷの状態を**ねじれ形**（staggered）とよぶ．

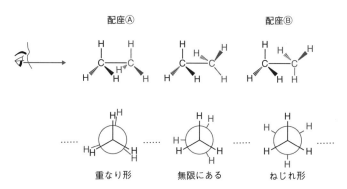

図 5・22　エタンのニューマン投影式

さて，エタンにとってⒶとⒷのどちらが安定だろうか？　直感的にⒷとわかったのではないだろうか．ニューマン投影式において，手前のC-Hと後方のC-Hのなす角度（二面角とよび，θで表す）を横軸に，内部エネルギーを縦軸にとると，図5・23のようになる．回転に伴う内部エネルギー変化（各配座のとりやすさ）がわかる．ここで"内部エネルギーが小さい"とはその状態をとりやすい（安定）ということである．重なり形（配座Ⓐ，二面角0°，120°，240°）では，水素原子同士が最も近づき反発は最大となるため内部エネルギーが最大（極大）となる．これに対して，ねじれ形（配座Ⓑ，二面角60°，180°，300°）では，内部エネルギーが最低（極小）となる．つまりⒷのねじれ形のほうが安定なのである．

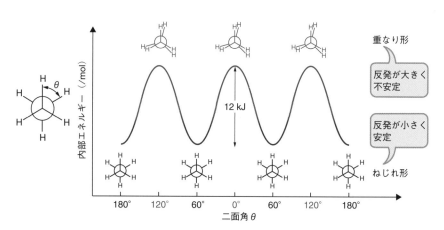

図 5・23　エタンの立体配座の内部エネルギー

　しかし，エタンでは重なり形とねじれ形のエネルギー差はおおよそ 12 kJ/mol 程度と小さい．室温におけるエタンの熱運動エネルギーは約 25 kJ/mol であるため，室温のエタンにおける単結合周りの回転は固定されることなく**自由回転**（free rotation）となる．これまで，簡単な飽和炭化水素の単結合は自由回転と学んできたが，実際は立体配座のエネルギー障壁が運動エネルギーより小さいので，自由回転するという理解が正しい．エネルギー差が小さいため，エタンの配座異性体を単離することはできないが，室温におけるエタンのある瞬間をとらえれば，存在している立体配座の割合（確率）はねじれ形が多いだろうと予想できる．

ⅱ）ブタンの立体配座

　次に，エタンより炭素鎖が二つ長いブタンの立体配座を，同様に C2–C3 結合に関するニューマン投影式で見てみよう．図 5・24 のように，回転とともに内部エネルギーも複雑に変化する．メチル基（CH_3）は水素（H）より大きいので，反発も大きい．直感的にわかるとおり，ねじれ形というだけでなく，メチル基同士ができるだけ重ならないほうがより安定である．最も反発の強い重なり形を**シン形**（syn），一つずれたねじれ形を**ゴーシュ形**（gauche），最も離れて安定なねじれ形を**アンチ形**（anti）とよぶ．このように，化合物が複雑になればなるほど，立体配座により内部エネルギーの変化はより複雑になる．

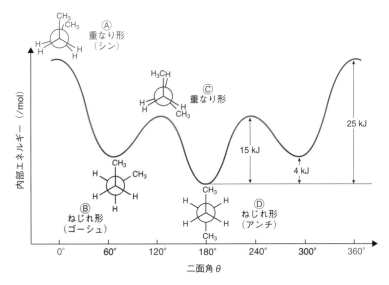

図 5・24　ブタンの立体配座の内部エネルギー

ⅲ）シクロヘキサンの立体配座

　シクロヘキサンは単結合だけでできているので，ベンゼン環のように平面構造にはならず，おもに**いす形**（chair form）と**舟形**（boat form）の立体配座をとる（図 5・25）．いす形と舟形はどちらが安定だろうか？　ニューマン投影式を見ると，いす形の方が置換基の重なりが小さく安定であることがわかる．

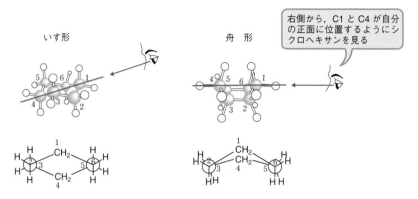

図 5・25　シクロヘキサンのいす形と舟形の立体配座

その内部エネルギーの変化は図 5・26 に示すように複雑である．いす形Ⓐから
いす形Ⓑへの移行の中で，いす形→半いす形→ねじれ舟形→舟形→ねじれ舟型→
半いす型→いす型へと変化する．舟型の内部エネルギーは最大ではなく，半いす
型の方が約 1 kJ/mol ほど不安定な状態である．室温におけるある瞬間のシクロ
ヘキサンの立体配座の存在率（確率）は，最も安定であるいす形が全体の
99.9 % であると計算されている．

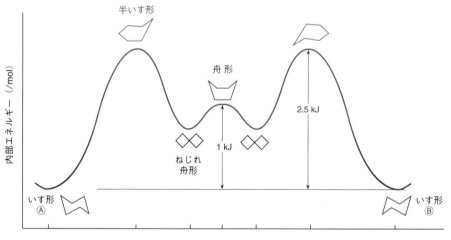

図 5・26　シクロヘキサンの立体配座と内部エネルギー

シクロヘキサンの立体配座の最大と最小のエネルギー差は約 2.5 kJ/mol と小
さいので，立体配座を変換するためのエネルギーは室温での熱エネルギーにより
十分に供給される．したがっていす形 A〜いす形 B への変化（環の反転：ring
inversion）は容易に起こると考えられる．

　シクロヘキサンには 12 個の水素原子があり，このうち 6 個の水素はほぼ炭素
環と同一平面にあり，残り 6 個は炭素環の上下（交互）に位置している．炭素環
に平行に位置しているものを**エクアトリアル**（equatrial, e と略す）水素とよび，
炭素環面に対して垂直に位置しているものを**アキシアル**（axial, a と略す）水素
とよぶ（図 5・27）．環がいす形Ⓐからいす形Ⓑに反転した際にエクアトリアル

equatrial（赤道の）
axial（軸の）

水素（H$_e$）はアキシアル水素に，アキシアル水素（H$_a$）はエクアトリアル水素になる.

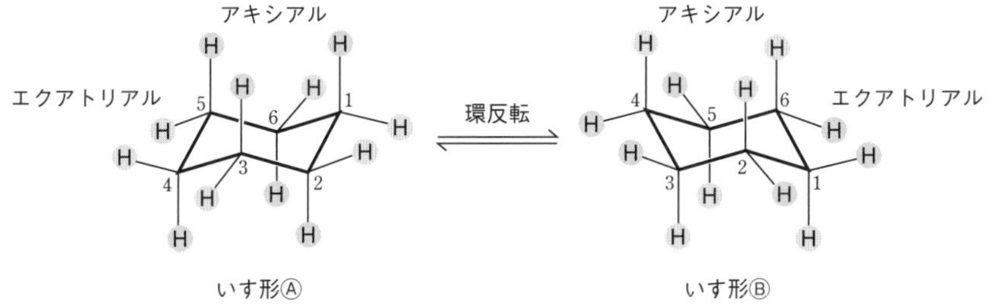

図 5・27　シクロヘキサンの環反転によるエクアトリアル水素とアキシアル水素の変換

シクロヘキサンが二つ結合した化合物をデカリン構造という*．デカリン構造は，シクロヘキサンがトランスで結合するかシスで結合するかにより，立体構造が大きく異なる.

* 植物油などに多く含まれるセスキテルペン（§8・3・2）にはデカリン構造をもつものがあり，特有の香りをものものが多い.

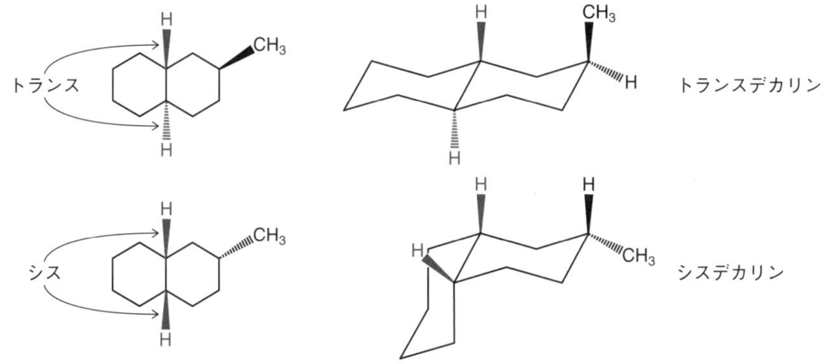

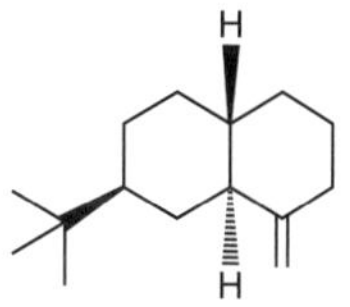

トランスデカリン

シスデカリン

β-セリネン
（セロリの香り成分）

アドバンス　1,3-ジアキシアル相互作用

　シクロヘキサン環のいす形の1位のアキシアル置換基は，実は隣の2位ではなく3位のアキシアル置換基と空間的な距離が近い（2位のアキシアル置換基は下を向いているので遠い）．図のように，1位にメチル基がついたメチルシクロヘキサンのいす形立体配座を考えてみよう．いす形Ⓐでは1位のメチル基がアキシアル位となり，空間的に近い3位のアキシアル水素と反発する（これを**1,3-ジアキシアル相互作用**という）．環が

いす形Ⓑに反転すると，アキシアル位だった1位のメチル基はエクアトリアル位になって横に出るため，空間的な距離が近い水素がなくなり安定化する．したがって，メチルシクロヘキサンの二つのいす形はⒷのほうがはるかに安定である（Ⓑ配座の存在確率は94.6%）．1位の置換基が大きくなればなるほどⒶでの反発が強くなるので，平衡はさらにⒷに傾く（置換基が *tert*-ブチル基の場合，Ⓑの存在確率は99.9%）.

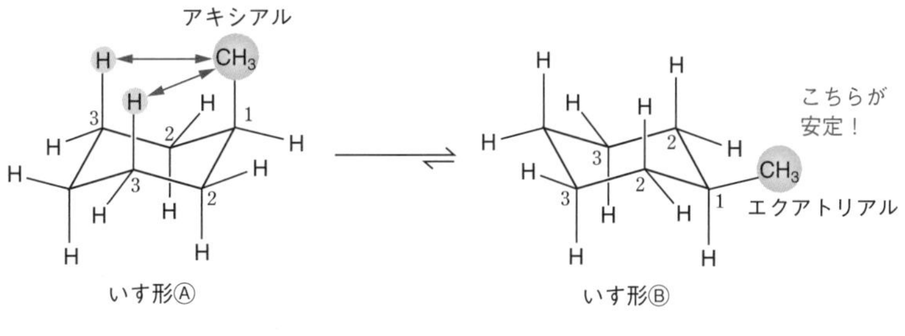

章 末 問 題

問題 5・1 ★　次の化合物のうちシス-トランス異性体が存在するものはどれか.
(a) CH₃CH=CHCl
(b) CH₂=CHCH₂Br
(c) CH₃CH=CHCH₂I

問題 5・2 ★　次の化合物のうちシス-トランス異性体が存在するものはどれか.
(a) 1-ブテン　　　(b) 3-ヘプテン
(c) 4-メチル-2-ペンテン　　　(d) 2-メチル-2-ブテン

問題 5・3 ★　次の化合物のうち幾何異性体が存在するものはどれか. またその E, Z 体の構造式を示せ.
(a) 3-メチル-1-ヘキセン　　　(b) 3-エチル-3-ヘプテン
(c) 2-メチル-2-ペンテン　　　(d) 3-メチル-2-ペンテン

問題 5・4 ★　以下の二重結合の E, Z を判定せよ. またシス-トランス表記できるものについては, それらも記せ.

(a)　　　　　　　　(b)　　　　　　　　(c)

  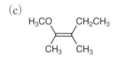

問題 5・5 ★　次の (a)～(d) の各組について, カーン-インゴールド-プレログ順位則で最も優先順位が高い置換基を選べ.
(a) −CH(CH₃)₂　　　　　−CHClCH₃　　　　　−CH₂CH₂Br
(b) −CH₂CH=CH₂　　　−CH₂CH(CH₃)₂　　　−CH₂C≡CH
(c) −OCH₃　　　　　　−N(CH₃)₂　　　　　−C(CH₃)₃
(d)

$$\underset{\text{O}}{\overset{\text{O}}{\|}}\text{C}-\text{CH}_3 \qquad \overset{\text{O}}{\|}\text{C}-\text{O}-\text{CH}_3 \qquad \overset{\text{O}}{\|}\text{C}-\text{N}-\text{CH}_3$$

問題 5・6 ★　以下の化合物中の不斉炭素は R, S のいずれか判定せよ.

(a)

HOOC−C−NH₂ (H 上, CH₂CH₃ 下)

(b)

H₃C−C−OH (CHO 上, CH₂OH 下)

問題 5・7 ★★　以下の化合物の名称を記せ.

(a)　　　　　　　(b)　　　　　　　(c)

(d)

HOOC

(e)

問題 5・8 ★★　以下の化合物の立体構造式を示せ.（光学異性は ⸺⫶⫶⫶ ⸺▬ を使って記載せよ）.
(a) (3E,5Z)-3,5-heptadienyne
　　(3E,5Z)-hepta-3,5-dienyne
(b) (2S)-2-amino-3-hydroxypropanoic acid
(c) (2Z,4E)-2,4-heptadiene
　　(2Z,4E)-hepta-2,4-diene

(d)　(E)-2-hexen-4-ynol
　　　(E)-hex-2-en-4-ynol
(e)　($5R$)-5-amino-2-hexanone
　　　($5R$)-5-aminohexan-2-one
(f)　(S)-2-chloro-3-butenoic acid
　　　(S)-2-chlorobut-3-enoic acid
(g)　($2E,4S,5Z,7S$)-7-methyl-2,5-nonadien-4-ol
　　　($2E,4S,5Z,7S$)-7-methylnona-2,5-dien-4-ol

問題 5・9 ★　筋肉中の乳酸 $CH_3CH(OH)COOH$ の立体配置は R 体である．一方，酵母で生産される乳酸には R 体と S 体が含まれる．乳酸の R 体，S 体をフィッシャー投影式で書け．

問題 5・10 ★★　(a) 2-クロロシクロヘキサノールと (b) 4-クロロシクロヘキサノールの立体異性体はそれぞれ何種類あるか．

問題 5・11 ★　酒石酸　$HOOC-CH(OH)-CH(OH)-COOH$ のすべての立体異性体をフィッシャー投影式で書け．全部で何個か．

問題 5・12 ★　下記は（＋）-グリセルアルデヒドの構造を示した図である．本化合物をフィッシャー投影式で示せ．また不斉炭素は R, S のどちらか．

問題 5・13 ★★　2,4-ジブロモ-3-クロロペンタンの立体異性体は何種類あるか．また，すべての立体異性体の構造をフィッシャー投影式で書け．

問題 5・14 ★★　以下の化合物をフィッシャー投影式で表せ．また不斉炭素が R か S か判定して名称を示せ．

問題 5・15 ★　メチルシクロヘキサンのいす形配置を書け．メチル基がアキシアル位にある場合と，エクアトリアル位にある場合の両方を書き，どちらが安定か答えよ．

問題 5・16 ★★　（－）-メントールの最も安定ないす形配座を書き，環についたメチル基，イソプロピル基，ヒドロキシ基がアキシアルかエクアトリアルかも示せ．

問題 5・17 ★★★　次の化合物のいす形配座を書け．環についたメチル基はアキシアルかエクアトリアルか答えよ．

6

有機化合物の化学反応

【学習目標】
❶ 化学反応の分類の理解
❷ 食物栄養学に関わる有機化合物に存在する官能基の性質，化学反応性の理解

■ 6・1 有機化学反応の分類

有機化合物の反応を反応物と生成物の構成の違いで分けると，**付加反応**，**脱離反応**，**置換反応**，**転位反応**に分類される．一方で反応を用途で分けると，**加水分解反応**，**縮合反応**，**酸化反応**，**還元反応**などに分類される（これらの反応は付加反応，脱離反応，置換反応，転位反応の一つあるいは複数から構成される）．

 基本のキ！

■ 付加反応（addition reaction）

付加反応は，二つの反応物が組合わさって一つの化合物を与える反応である．たとえばエチレンに臭素が付加する反応は付加反応である．

$$\underset{\text{エチレン}}{\overset{\text{H}\quad\text{H}}{\underset{\text{H}\quad\text{H}}{\text{C=C}}}} + \underset{\text{臭素}}{\text{Br}_2} \xrightarrow{\text{付加}} \underset{\text{Br Br}}{\overset{\text{H H}}{\text{H--C--C--H}}} \qquad (6\cdot1)$$

■ 脱離反応（elimination reaction）

脱離反応は，一つの反応物が分かれて二つの化合物を与える反応である．たとえばエタノールから水が脱離する反応は脱離反応である．また，このように脱離する小分子を**脱離基**とよぶこともある．

$$\underset{\text{エタノール}}{\overset{\text{H OH}}{\underset{\text{H H}}{\text{H--C--C--H}}}} \xrightarrow{\text{脱離}} \underset{\text{エチレン}}{\overset{\text{H}\quad\text{H}}{\underset{\text{H}\quad\text{H}}{\text{C=C}}}} + \underset{\text{水}}{\text{H}_2\text{O}} \qquad (6\cdot2)$$

■ 置換反応（substitution reaction）

置換反応は，反応物のある原子あるいは官能基が別の原子あるいは官能基によって置き換えられる反応である．たとえば臭化メチルのメタノールへの変換反応は置換反応である．

$$\underset{\text{臭化メチル}}{\text{CH}_3-\text{Br}} + \text{OH}^- \xrightarrow{\text{置換}} \underset{\text{エタノール}}{\text{CH}_3-\text{OH}} + \text{Br}^- \qquad (6\cdot3)$$

■転位反応 (rearrangement reaction)

転位反応は原子や置換基が別のその分子の別の部位に移動するような反応である. たとえば 1-クロロプロパンから Cl^- が脱離して生じるカルボカチオン（下式の左）が, H が移動してより安定なカルボカチオン（下式の右）になる反応は転位反応である.

$$\left(\begin{array}{c} CH_3CH_2CH_2Cl \\ \text{1-クロロプロパン} \end{array} \xrightarrow{\quad} Cl^\ominus \right)$$

■加水分解反応 (hydrolysis)

加水分解反応は, ある反応物と水が反応して結合が開裂する反応である. たとえばエステルと水との反応で, カルボン酸とアルコールが生成する反応は, 加水分解反応の典型例である. 加水分解反応は置換反応である.

$$CH_3-\overset{\overset{O}{\|}}{C}-O-CH_2CH_3 + H_2O \xrightarrow{\text{加水分解}} CH_3-\overset{\overset{O}{\|}}{C}-OH + CH_3CH_2-OH \quad (6 \cdot 4)$$

エステル　　　　　　　水　　　　　　　　カルボン酸　　　　アルコール
（酢酸エチル）　　　　　　　　　　　　　　（酢酸）　　　　（エタノール）

■縮合反応 (condensation reaction)

縮合反応は, 二つの反応物が組合わさることで, 水のような小さい分子の生成を伴いつつ, 一つのより大きな生成物を与える反応である. たとえばカルボン酸とアルコールからエステルが生成する反応は縮合反応である. 縮合反応も置換反応である.

$$CH_3-\overset{\overset{O}{\|}}{C}-OH + CH_3CH_2-OH \xrightarrow{\text{縮合}} CH_3-\overset{\overset{O}{\|}}{C}-O-CH_2CH_3 + H_2O \quad (6 \cdot 5)$$

カルボン酸　　　　　アルコール　　　　　　　　　エステル　　　　　　水

■酸化反応 (oxidation reaction)

酸化反応は, 反応物が電子を失う反応, もしくは反応物の酸化数が増加する反応である. 有機化合物の場合, "水素の数が減る""酸素の数が増える"ということから酸化反応を考えると理解しやすい. たとえばエタノールが酸化されて, アセトアルデヒド, 酢酸を生じる反応は酸化反応の例である. 酸化反応は脱離反応あるいは付加反応でもある.（反応式中の [O] は適当な酸化剤を示す.）

$$(6 \cdot 6)$$

エタノール　　　　　　　アセトアルデヒド　　　　　　酢酸

■還元反応 (reduction reaction)

還元反応は, 酸化反応の逆反応で, 反応物が電子を与えられる反応, もしくは反応物の酸化数が減少する反応である. 有機化合物の場合, "水素が増える""酸

素の数が減る”ということから還元反応を考えると理解しやすい．(6・6)式の逆反応は還元反応であるし，(6・7)式のエチレンに水素が付加する反応も還元反応である．還元反応も付加反応あるいは脱離反応でもある．

$$
\begin{array}{ccc}
\text{エチレン} & \text{水素} & \\
\end{array}
\quad \xrightarrow{\text{還元}} \quad
\tag{6・7}
$$

6・2　反応機構の描き方

　有機化合物を構成する原子間の電気陰性度の違いにより，分子中には電子の偏りが発生する．電子の偏りの程度の差は，以下に示す各記号で表される．

　　⊖：電子1個分の電荷が過剰な場合
　　⊕：電子1個分の電荷が不足している場合
　　δ−：電子1個分まではいかないが，電子が通常より過剰な場合
　　δ+：電子1個分まではいかないが，電子が通常より不足している場合

　有機化学反応の多くは，上記の電子の偏りを消失させるために起こる化合物間（あるいは化合物中）の電子の奪い合い，押し付け合い，である（特に生物が起こす有機化学反応については，ほとんどすべてと言ってもよい）．すなわち電子が過剰な原子や官能基（⊖，δ−）と電子が不足している原子や官能基（⊕，δ+）との間の相互反応なのである．

　　・電子が不足している原子や官能基が“電子を求めて”，他の電子が余っ
　　　ている原子や官能基から電子を奪う反応を**求電子反応**という．
　　・電子が余っている原子や官能基が“電子を追い出すため”，他の電子が
　　　不足している原子や官能基に電子を与える反応を**求核反応**という．

求核反応，求電子反応では反応に“電子対”（電子2個）の移動を伴う．新たな結合が生じたり，結合が切れたりするときには，電子対が移動している．どのように電子対が移動したのかを表すために，曲がった矢印（⌢）（**巻矢印**とよぶ）を使う．巻矢印は，電子対が弧の始点の原子あるいは結合（結合を構成する両原子から電子1個ずつ）から矢印の先の原子あるいは結合に移動したことを示す*．

【求電子反応の例】 HBr がエチレンに求電子反応して付加する（求電子付加反応）．

* 巻矢印は電子が余っている方から電子が足りない方へ向けて描く．

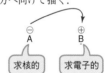

この図はAがBに求核反応，あるいはBがAに求電子反応することを意味している．

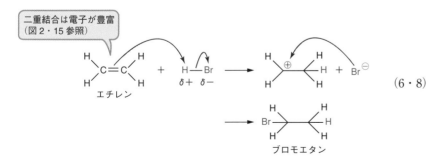

二重結合は電子が豊富（図2・15参照）

エチレン

$$
\tag{6・8}
$$

ブロモエタン

【求核反応の例】水酸化ナトリウムがブロモメタンに求核反応して，Br が OH に置き換わる（求核置換反応）．

$$（6・9）$$

ブロモメタン　　　　　　　　　メタノール

電子対が移動する求電子反応，求核反応のほかに，**ラジカル反応**がある．これは原子や官能基が脱離して（引き抜かれ）不安定な不対電子（ラジカル）（電子1個）を生じた際に，この不対電子が他の不対電子を有する反応物と反応して不対電子を消失させる反応である．ラジカル反応では不対電子の移動が伴われる．不対電子（電子1個）の移動は ⌒（片矢印）で示される．本書では，反応機構を理解してほしいラジカル反応については片矢印に加えて不対電子（・）の発生，移動，消失の形で化学反応式を示す．

【ラジカル反応の例】メタンに塩素を作用させるとクロロメタンを生じる（ラジカル置換反応）．

$$（6・10）$$

熱や光 → 発生（開始反応）

移動（連鎖反応）

クロロメタン

消失（停止反応）

■ 6・3　炭素–炭素二重結合の反応

6・3・1　アルケン二重結合の性質と反応

有機化合物の骨格は炭素–炭素結合で形成される．アルケンの二重結合は，単結合に比べて反応性が高い*．食物栄養学に関わる化学反応としては，二重結合に対して起こる付加反応と酸化（開裂）反応を理解しておいてほしい．

　a. アルケンの付加反応　　アルケンの二重結合には，ほかの原子や原子団が結合しやすい．たとえば (6・11)式に示すように，触媒の存在下でアルケンは水素分子とラジカル付加反応しアルカンとなる．二重結合を多く含む植物油脂から

*　二重結合が σ 結合と π 結合からなることを思い出そう．π 結合の電子は結合の上下に広がって反応性が高い．（§2・6参照）

$$（6・11）$$

アルケン　　　水素　　　　白金触媒またはニッケル触媒　　　　アルカン

飽和度を下げたマーガリン原料をつくる反応は，これを利用したものである（水素が付加するのはアルケンでなく不飽和脂肪酸であるが）.

　アルケンはこのほかにも図 6・1 に示すように多様な付加反応を起こし，さまざまな化合物が生じる.

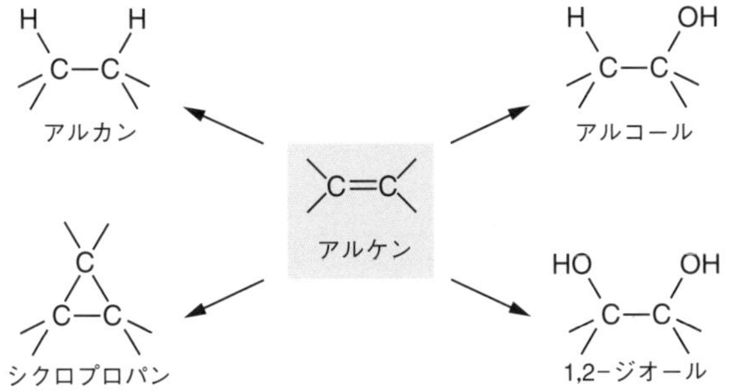

図 6・1　アルケンの付加反応

b. アルケンの酸化開裂反応　　アルケンを硫酸酸性の過マンガン酸カリウム（$KMnO_4$）水溶液で酸化すると，C=C 結合が切れる*.　$R^1 \sim R^4$ がすべてアルキル基のときは 2 種のケトンが生成する.　R^4 が H のときは，ケトンとアルデヒドが生じるが，アルデヒドは $KMnO_4$ によってさらにカルボン酸まで酸化される.　また $R^3=R^4=H$ のときは，生成したホルムアルデヒドは $KMnO_4$ によって酸化されてギ酸を生じ，さらに酸化されて CO_2 と H_2O が生成する.　このアルケンの酸

* 反応機構は次ページのコラムに示した.

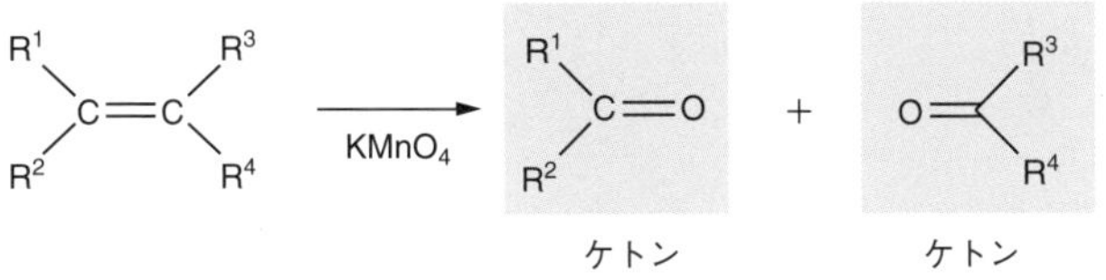

$$(6・12a)$$

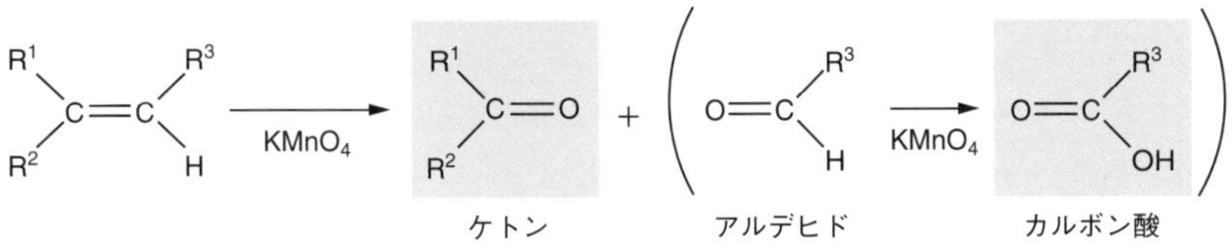

$$(6・12b)$$

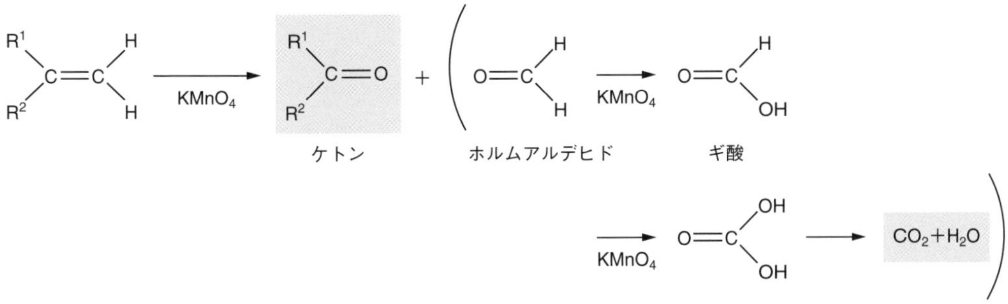

$$(6・12c)$$

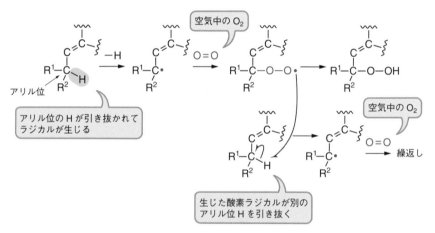

アドバンス KMnO₄ によるアルケンの酸化反応機構

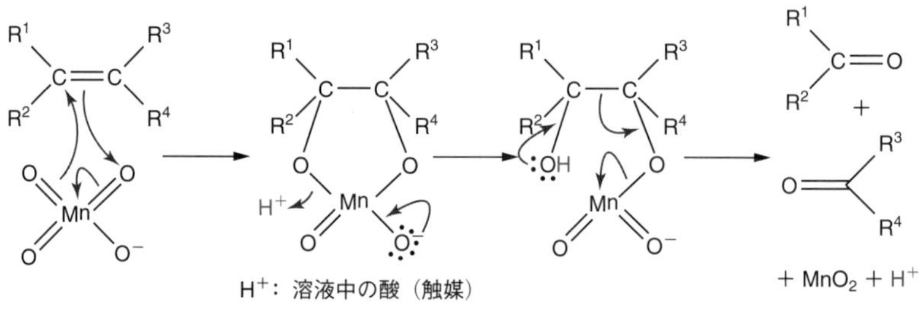

H⁺: 溶液中の酸（触媒）

化開裂反応は，研究において化学構造の解析などによく利用される．

c. ラジカル付加反応　二重結合した炭素と結合した炭素（アリル位炭素という）にHが結合している化合物は，このHが引き抜かれやすいため，ラジカル付加反応（図6・2）が起こる．これは二重結合を含む脂肪酸でよく観察される酸化反応で，脂質の劣化に大きく関わる．

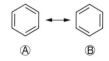

図 6・2　脂質酸化の連鎖反応

6・3・2　ベンゼン環の性質と反応

ベンゼンには三つの二重結合があるが，図6・3に示すⒶとⒷの区別はない．

図 6・3　ベンゼンの共鳴構造

つまりベンゼンでは6個のπ電子が環全体に分散して存在している（これを非局在化という）．このためベンゼン環は電子を与える"電子供与体"として働き，陽イオンや分子中のわずかに正電荷を帯びた原子と置換反応する．つまり，わずかな負電荷（δ−）をもつベンゼン環の炭素を，＋あるいはδ＋をもつ原子

が攻撃し，ベンゼン環に結合していた H が抜けて置き換わる反応（求電子置換反応）を起こしやすい（図6・4）．

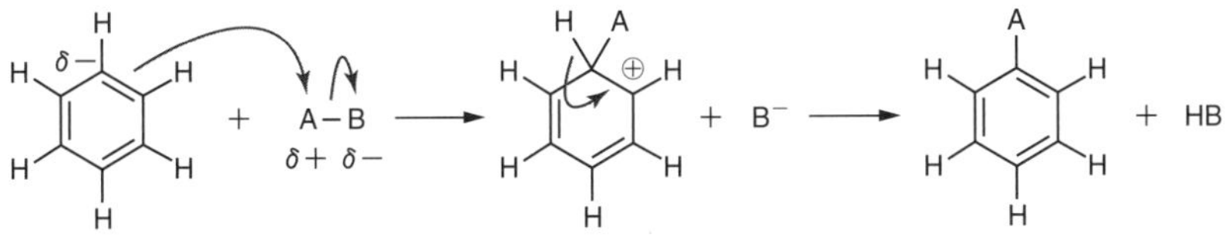

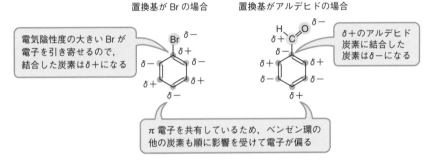

図 6・4　ベンゼンの求電子置換反応

またベンゼン環に置換基が存在すると，その置換基の電子分布の影響を受けて，等価だったベンゼン環の電子分布に偏りが生じる*（図6・5）．

* ここには置換基による誘起効果と共鳴効果の二つの効果が働くが，ここではごく定性的に図6・5と図6・6のように表現した．

置換基が Br の場合

電気陰性度の大きい Br が電子を引き寄せるので，結合した炭素は$\delta+$になる

置換基がアルデヒドの場合

$\delta+$のアルデヒド炭素に結合した炭素は$\delta-$になる

π 電子を共有しているため，ベンゼン環の他の炭素も順に影響を受けて電子が偏る

図 6・5　置換によるベンゼン環の電子の偏り

すると置換基に対してどの位置で求電子置換反応が起こりやすいかが決まってくる（求電子反応なので，$\delta-$の炭素で反応が起こる）（図6・6）．これを反応の**配向性**とよび，置換基の電気陰性度の大きさによってオルト・パラ配向性かメタ配向性かが決まる．

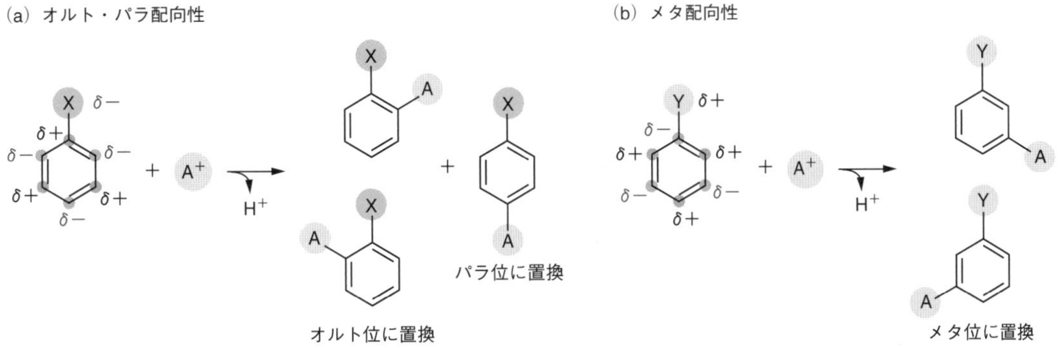

(a) オルト・パラ配向性

(b) メタ配向性

オルト位に置換

パラ位に置換

メタ位に置換

オルト・パラ配向性基	メタ配向性基
$-NH_2$, $-NHR$, $-OH$, $-OR$, $-R$, $-Br$, $-Cl$, $-F$, $-I$	$-CHO$, $-COOH$, $-COR$, $-NO_2$, $-SO_3H$

R ＝アルキル基

図 6・6　ベンゼン環の置換基と配向性　置換基が負電荷（$\delta-$）を帯びるときは，ベンゼン環の各炭素は(a)のように偏るためオルト・パラ配向性となる．置換基が正電荷（$\delta+$）を帯びるときはベンゼン環の各炭素は(b)のように偏るためメタ配向性となる．

章 末 問 題

問題6・1★　次の反応式は，付加反応，置換反応，酸化反応，転位反応，縮合反応のどれかを答えよ．

(a)　$CH_2=CH_2 + Br_2 \longrightarrow CH_2BrCH_2Br$

(b)

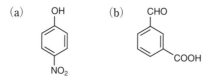

(c)　$CH_3COOH + CH_3CH_2OH \longrightarrow CH_3C{-}O{-}CH_2CH_3 + H_2O$
　　　　　　　　　　　　　　　　　　　　　　　$\overset{\|}{O}$

(d)　$CH_3CH_2OH \xrightarrow{[O]} CH_3CHO \xrightarrow{[O]} CH_3COOH$

(e)　$CH_4 + Cl_2 \longrightarrow CHCl_3 + HCl$

問題6・2★　フェノールに臭素を作用させたときの化学反応式を記せ．

問題6・3★　フェノールに次の置換基が反応する場合，生成する化合物を書け．

(a)　CH_3 基が一つ
(b)　NO_2 基が一つ
(c)　NO_2 基が二つ

問題6・4★　1−メチルシクロヘキセンの $KMnO_4$ での酸化分解物の構造式を書け．

問題6・5★★　次の化合物のベンゼン環上のどの位置で最も求電子置換反応が起こりやすいか，矢印で示せ（複数でもよい）．

(a)

OH
　
NO_2

(b)

CHO
　
COOH

7

官能基の性質と化学反応

【学習目標】

❶ 各官能基の化学的な特徴を理解し，それらを有する化合物の性質を把握する．

❷ 各官能基で起こる化学反応がどのような反応機構で始まり，進むかを理解する．

❸ 本章で説明する化学反応の多くは生体内でも起こっている．生化学，栄養学など
で学んだ内容と関連させて反応を理解する．

　食品・生体に関わる有機化合物の多くは炭化水素にさまざまな官能基やハロゲ
ンなどの原子が結合した構造をもっている．それらが起こす化学反応はそれぞれ
の官能基の化学反応性に支配される．本章では，食品・生体に関わる有機化合物
に存在する代表的な官能基ごとに，それぞれの性質，化学反応性について説明す
る．

　なお本書では官能基の性質を理解することに主眼を置き，化学反応の種類とし
ては食品・生体内でも起こっているものを中心にいくつかを取上げるにとどめ
た．また研究などで化学反応をフラスコ内で行う場合の試薬，触媒などの情報を
記載すると共に，それぞれの化学反応の原理がわかるように反応における電子の
移動を巻矢印（§6・2参照）で示してある．もちろん生体内では，酵素が触媒と
なって各反応が起こっている．

■ 7・1　ヒドロキシ基（アルコールとフェノール）の性質と反応

　アルコールとフェノールはヒドロキシ基（$-OH$）をもち，ヒドロキシ基の性
質に基づいた反応性を示す（カルボキシ基にもヒドロキシ基があるが，カルボニ
ル基の影響で性質は大きく異なる）．

CH_3CH_2-OH
エタノール

フェノール

アルコールの性質

　ヒドロキシ基（$-OH$）は O と H が結合した官能基である．O と H の電気陰
性度は大きく異なるため，O は H の電子を奪い負に帯電（δ−），H は逆に正に帯
電（δ+）している*．この分極のためヒドロキシ基は化合物の極性を高くする
官能基の代表であり，ヒドロキシ基を多くもつ化合物は高極性となる（糖など）．
またこの帯電の結果，ヒドロキシ基をもつ分子同士も O と H が引き合い，水素

* 図2・8参照.

結合が生じる（図7・1）．ヒドロキシ基をもつ化合物の大きな特徴は，水素結合による分子間の結びつきが強いため，ファンデルワールス力のみで引き合っている同程度の分子量の化合物と比べて融点，沸点が高いことである．ただし，アルコールのOとHの間の結合が切れてH⁺が電離することはないので，アルコールは酸性の性質は示さない．

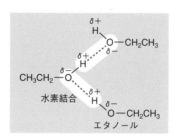

図 7・1　アルコールの水素結合

アルコールの反応

1）アルコールの酸化反応

第一級アルコールを酸化すると，図7・2(a) に示すようにアルデヒドを経てカルボン酸まで酸化される．第二級アルコールはケトンに酸化される（図7・2b）．第三級アルコールは酸化されない（図7・2c）．

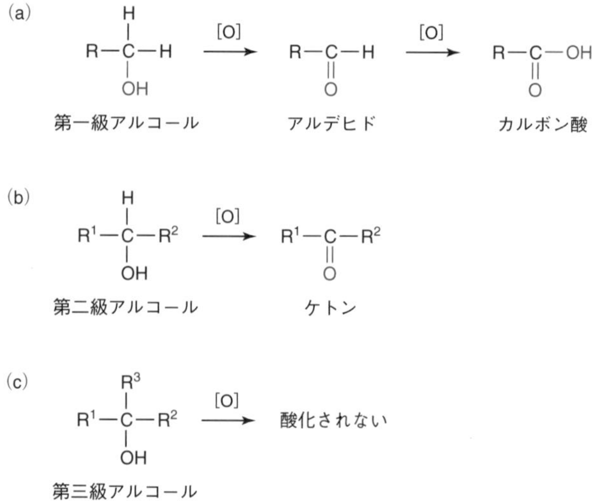

(a)

$$R-\underset{\underset{OH}{|}}{\overset{\overset{H}{|}}{C}}-H \xrightarrow{[O]} R-\underset{\underset{O}{\|}}{C}-H \xrightarrow{[O]} R-\underset{\underset{O}{\|}}{C}-OH$$

第一級アルコール　　　　アルデヒド　　　　カルボン酸

基本のキ！

(b)

$$R^1-\underset{\underset{OH}{|}}{\overset{\overset{H}{|}}{C}}-R^2 \xrightarrow{[O]} R^1-\underset{\underset{O}{\|}}{C}-R^2$$

第二級アルコール　　　　ケトン

(c)

$$R^1-\underset{\underset{OH}{|}}{\overset{\overset{R^3}{|}}{C}}-R^2 \xrightarrow{[O]} \text{酸化されない}$$

第三級アルコール

図 7・2　アルコールの酸化反応

KMnO₄
（過マンガン酸カリウム）
CrO₃
（酸化クロム(VI)，三酸化クロム）
K₂Cr₂O₇
（二クロム酸カリウム）

第一級アルコールの酸化は，KMnO₄, CrO₃, K₂Cr₂O₇ など多くの酸化剤（[O]で示す）で可能である．用いる酸化剤によりアルデヒドとカルボン酸のどちらまで酸化が進むかは異なるので，目的により酸化剤を使い分ける．実験室で第一級アルコールからアルデヒドを合成する例として酸化剤にクロロクロム酸ピリジニウム（PCC）を用いる反応（7・1式），第一級アルコールから一気にカルボン酸

を合成する例として希硫酸中で CrO_3（ジョーンズ試薬）を用いる反応（7・2式）を示す.

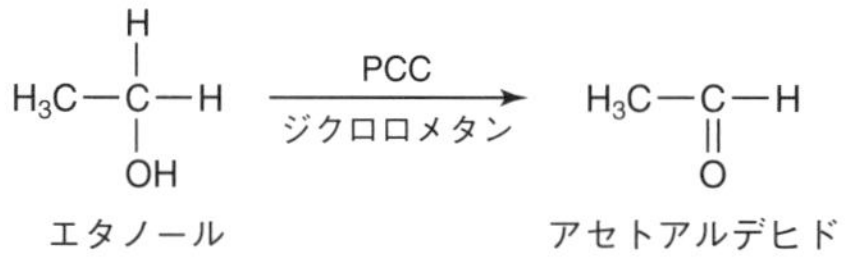

（7・1）

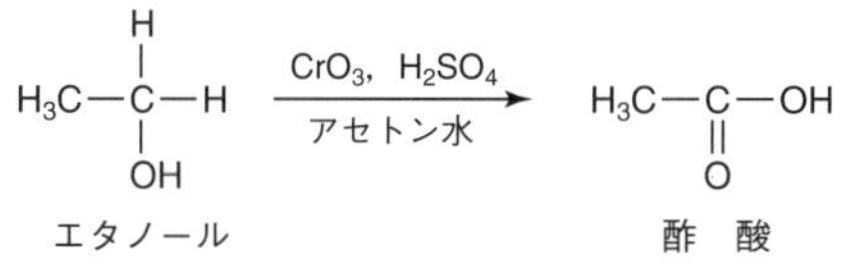

エタノール　　　　　　　　　　　　アセトアルデヒド

（7・2）

エタノール　　　　　　　　　　　　酢　酸

　　第二級アルコールの酸化も $KMnO_4$, CrO_3, $K_2Cr_2O_7$ など多くの酸化剤で可能である. 実験室で第二級アルコールからアルデヒドを合成する一般的な例として PCC を酸化剤として用いる反応を示す.

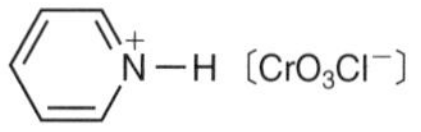

クロロクロム酸ピリジニウム
（PCC）

（7・3）

2-プロパノール　　　　　　　　　　アセトン

2）アルコールのエステル形成反応

　　アルコールの O は，酸無水物と反応してエステルを形成する. 図 7・3 は無水酢酸との反応例である.

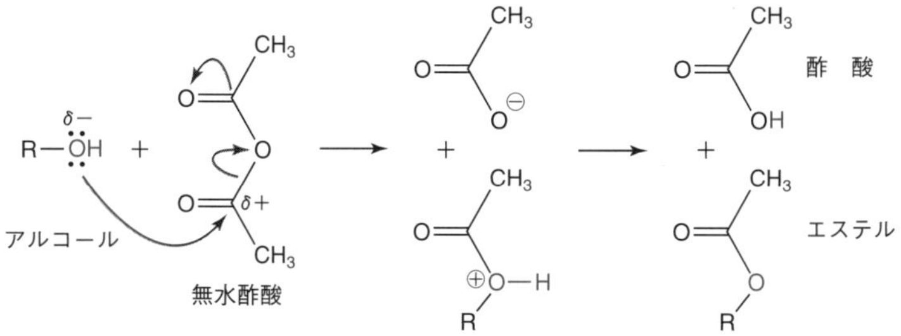

図 7・3　アルコールと無水酢酸の反応

また酸触媒（H^+）存在下，アルコールは，H^+付加で活性化されたカルボン酸に求核付加反応してエステルを形成する（図 7・4）*.

* 反応機構は p.103 のコラム参照.

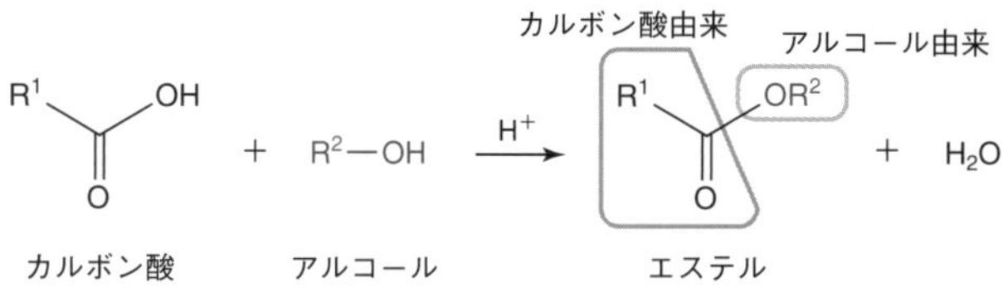

図 7・4　アルコールとカルボン酸のエステル化反応

アルコールとカルボン酸によるエステル化は，脂質の合成など生体内でもよく起こる反応である（酵素を触媒として）．また実験室では，ヒドロキシ基をもつ有機化合物の化学的性状の改善のため（極性を低くして扱いやすくする），無水酢酸を用いたエステル化（アセチル化）や，酸を触媒としたカルボン酸によるエステル化がよく利用される．

3) アルコールの求核付加反応: ヘミアセタール, アセタールの生成

ヒドロキシ基の O はアルデヒドやケトンの C（電気陰性度の大きい O に電子を奪われ δ+ に帯電している）と反応して，ヘミアセタールを形成する（図7・5）．

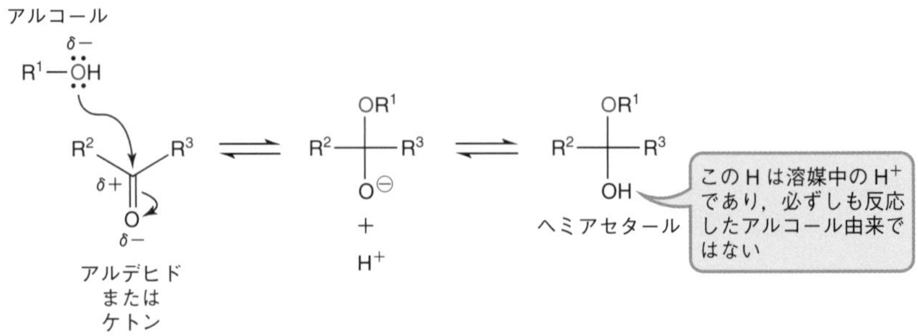

図 7・5　アルコールとアルデヒド（またはケトン）のヘミアセタール化反応

この反応は酸触媒（H^+）が存在すると，より促進される（H^+がカルボニル基の O に付加することにより，カルボニル基の C がより強く+に帯電するため）．また可逆反応（⇌で表す）であり，ヘミアセタールからはアルコールとアルデヒド，ケトンを生じる．

ヘミアセタールの形成反応は，糖が鎖状構造から環状構造へ移るときの反応である（図7・6）．

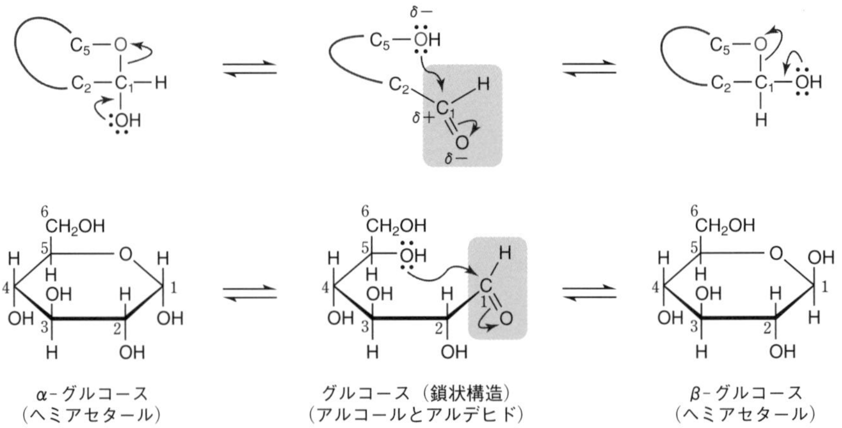

図 7・6　グルコースの水溶液中での平衡反応

　また酸触媒存在下ではヘミアセタールにさらにもう一分子のアルコールが付加
して，アセタールも形成される（図7・7. 反応機構は下のコラムを参照）.

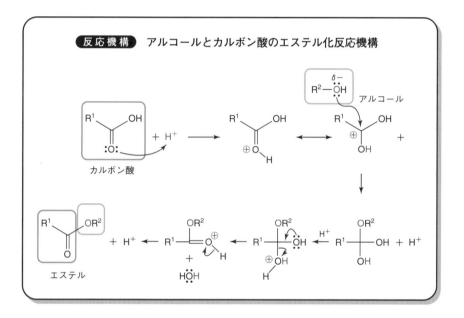

図 7・7　アルコールとヘミアセタールのアセタール化反応

　アセタールは酸触媒存在下，図7・6，図7・7の逆反応を起こし，アルデヒド
あるいはケトンと2分子のアルコールを生じる. 多糖の酸加水分解で単糖が生じ
る化学反応は，これと同様のものである.

（反応機構）　**アルコールとカルボン酸のエステル化反応機構**

（反応機構）　**アルコールとヘミアセタールのアセタール化反応の反応機構**

フェノールの性質

　フェノールはベンゼン環の炭素にヒドロキシ基が結合した特殊なアルコールである．アルコールの C–O 結合は sp^3 軌道であるのに対して，フェノールの C–O 結合は sp^2 軌道で結合している．このためフェノールの C–O 結合はアルコールの C–O 結合より短く，そして強い．

　またアルコールが中性であるのに対して，フェノールは弱い酸性（H^+ を電離する）を示す．これは図7・8に示すようにフェノールが電離して生成したフェノキシドイオンが共鳴安定化することによる．

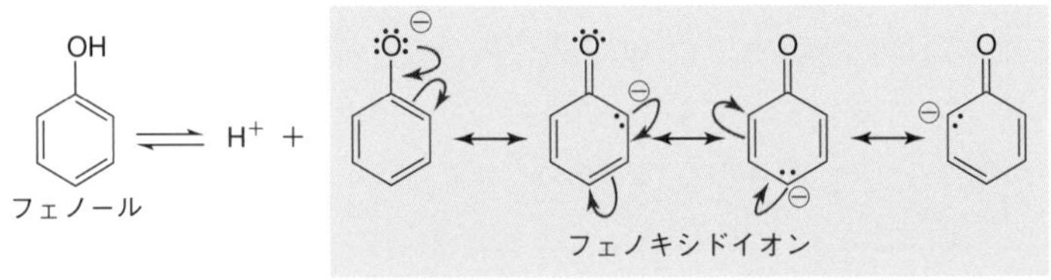

図 7・8　フェノキシドイオンの共鳴安定化機構

　一方フェノールもアルコールと同様に，O と H の電気陰性度の違いから水素結合を形成する．

フェノールの反応

1）フェノールの酸化反応

　オルト位あるいはパラ位に二つヒドロキシ基をもつベンゼン環は，図7・9に示すように空気中の酸素やさまざまな酸化剤，酸化酵素により容易に酸化され，キノンを生じる．本反応は生体内でもよく起こるものであり，また食品の褐変にも大きく関わっている．

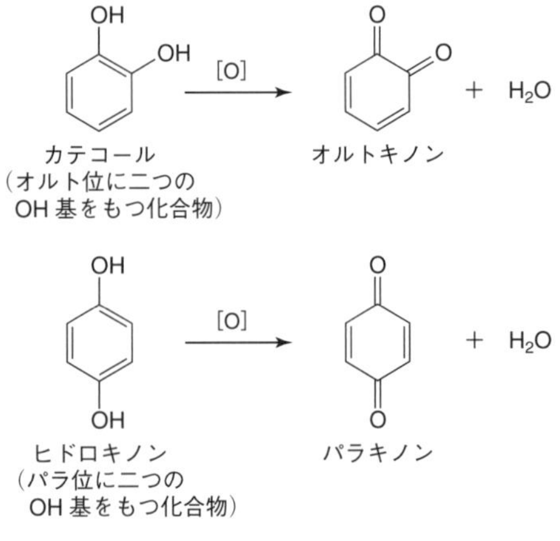

カテコール
（オルト位に二つの
OH 基をもつ化合物）　　オルトキノン

ヒドロキノン
（パラ位に二つの
OH 基をもつ化合物）　　パラキノン

図 7・9　フェノールの酸化反応

2）フェノールのエステル化反応

　フェノールはアルコールと同様の反応機構により，カルボン酸無水物あるいはカルボン酸と反応してエステルを形成する．図7・10に無水酢酸との反応例を示す．これらと類似の反応は生体でもよく起こっている．

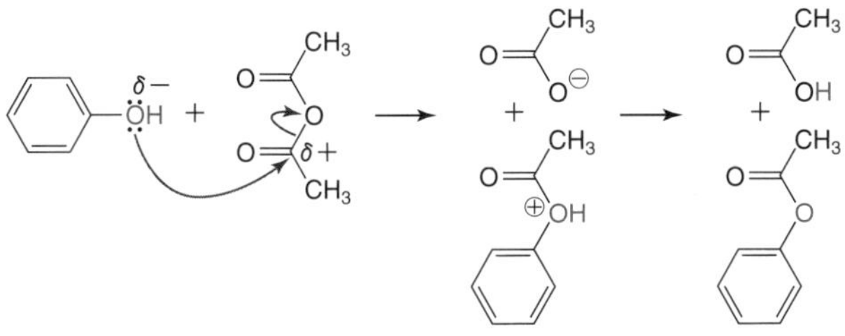

図 7・10　フェノールと無水酢酸のエステル化反応

3）フェノール性ヒドロキシ基の中和反応

　前述のように，フェノール性ヒドロキシ基は弱い酸性を示す．したがって塩基と中和反応を起こす．

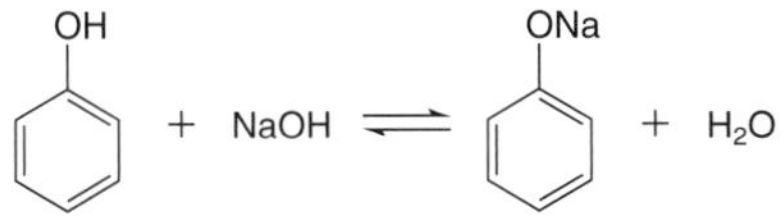

図 7・11　フェノールの中和反応

7・2　アミノ基（アミン）の性質と反応

　炭素，水素，酸素に続き，窒素は生体内で 4 番目に多い元素である．窒素を含む有機化合物は生命の維持に必須で，植物や動物に広く分布している．五つの価電子をもつ窒素原子は，中性化合物では炭素原子や水素原子と 3 本の共有結合をつくる．窒素原子を含む官能基としては，窒素原子が単結合，二重結合，三重結合をつくる図 7・12 のようなものがある．ここでは生体に広く存在し，アミノ酸にも存在するアミンについて解説する．

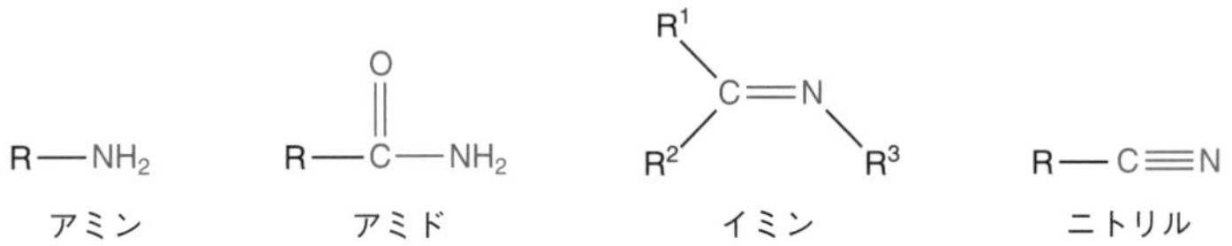

図 7・12　窒素原子を含む官能基

アミンの性質

　アミンは C–N 単結合をもつ化合物（図 7・13）であり，C–N 結合の数により，第一級アミン（C–N 結合 1 個），第二級アミン（C–N 結合 2 個），第三級アミン（C–N 結合 3 個）とよばれる．第一級アミンと第二級アミンは分子間で水素結合を形成するため，同程度の分子量をもつ炭化水素より沸点が高い．（ただしアルコールより沸点は低い．これは窒素の電気陰性度が酸素より小さいため N–H の分極が O–H に比べ小さくなるためである．）第三級アミンは水素原子を

もたないため，第一級アミン，第二級アミンと比較すると沸点は低い．またアンモニアと同様に，低分子量のアミンは特有の刺激臭をもつ．

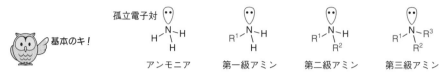

基本のキ！

孤立電子対

アンモニア　　第一級アミン　　第二級アミン　　第三級アミン

図 7・13　アミン類の化学構造

　　アミンの最も重要な性質は，水に溶解すると塩基性を示すことである（アミンは水分子と水素結合を形成するため，炭素原子数が5以下のアミンは水と混和する）．アミンのN原子には孤立電子対（非共有電子対）がある[*1]．この孤立電子対が水中のH^+と配位結合するため（図7・14），水中のOH^-がH^+より多くなる（塩基性を示す）．

*1 p.20 参照

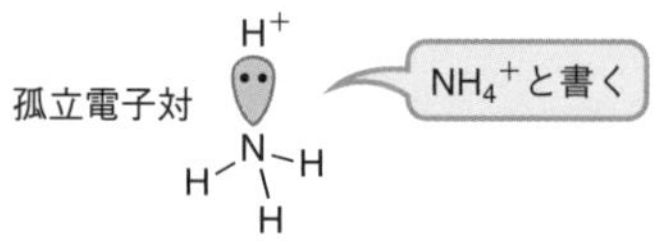

孤立電子対　　　　NH_4^+と書く

図 7・14　N原子の孤立電子対とH^+の配位結合

*2 Cの方がHより大きい電気陰性度をもつため，単純にはアンモニアのNの方が脂肪族アミンのNよりマイナス帯電が大きくなるように思われる．しかしアルキル基とN間の総合的な電子の偏りとしては，$N-H$より$N-CH_2-$の方がNは大きな$\delta-$をもつ．また，この原理のみから考えると同じアルキル基が結合したアミンでは第三級アミン＞第二級アミン＞第一級アミン＞アンモニアの順で塩基性が強いように思われる．しかし，第三級アミンのように多数のアルキル基がついていると，H^+が配位結合するスペースが減る（立体障害）ため，脂肪族アミンの塩基性の強さを単純に判断することはできない．

　　脂肪族アミン（図7・13中のR^1, R^2, R^3がアルキル基のアミン）はアンモニアより強い塩基性を示す．これはNにアルキル基が結合している方がHと結合しているよりもNの負電荷（$\delta-$の大きさ）が大きくなり，その結果H^+と配位結合するアミンの割合が増えるからである[*2]．

　　なお，アミノ基のNが四つのアルキル基と共有結合した化合物を**第四級アンモニウム塩**とよび，これは図7・15に示すように常に⊕の電荷をもつ化合物である．第四級アンモニウム塩ではNの孤立電子対が失われているため塩基性はない．$R^1〜R^4$に長いアルキル基をもつ第四級アンモニウム塩は，常に⊕電荷をもつ親水性の基と，疎水性の強いアルキル基をもつことから界面活性剤としての性質がある．このような第四級アンモニウム塩は通常の界面活性剤（セッケン）の⊖電荷とは逆の⊕電荷をもつことから，逆性セッケンとよばれる．細菌やカビの表面は一般に⊖に荷電しているので，逆性セッケンはこれらに吸着しやすく殺菌力に優れたセッケンとして利用されている．

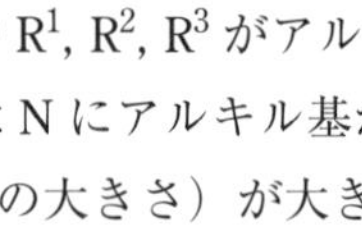

$$\left[\begin{array}{c} R^4 \\ | \\ R^1-\overset{\oplus}{N}-R^3 \\ | \\ R^2 \end{array} \right] Cl^-$$

図 7・15　第四級アンモニウム塩の化学構造

　　一方，**芳香族アミン**（図7・13のR^1, R^2, R^3が芳香環のアミン．アニリンなど）の塩基性は脂肪族アミンに比べるとかなり弱い．これは，芳香族アミンのNは

アドバンス　C=N 二重結合

　C=N 二重結合（イミン）している N（ピリジンなど）にも孤立電子対がある．この孤立電子対にも H^+ が配位結合するために C=N 二重結合している N も塩基性を示す（DNA, RNA を構成するヌクレオシドを塩基とよぶのはこのため[*1]）．ただし C=N 二重結合している N の塩基性も脂肪族アミンに比べると弱い．これは単結合（sp³ 混成軌道）の孤立電子対と比較すると二重結合（sp² 混成軌道）の孤立電子対は＋電荷をもつ原子核により近いため[*2]，原子核と H^+ の＋電荷同士の反発の影響があり，配位結合する H^+ の割合が減るからである．

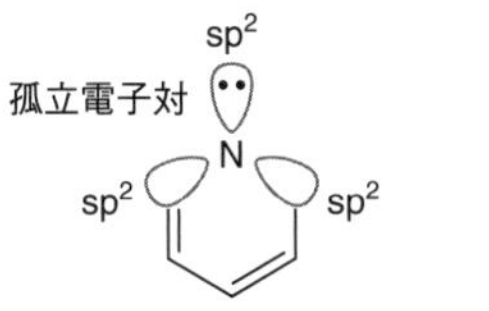

孤立電子対

ピリジンの N の電子軌道
（p_z 軌道は省略）

*1 ヌクレオシドを構成するピリミジン環とプリン環には C=N 結合がある．

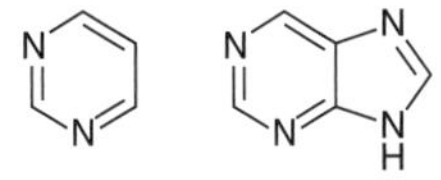

ピリミジン環　　プリン環

*2 二重結合の方が単結合より結合距離が短い．

　自らの孤立電子対を芳香環と共有して図 7・16 のような共鳴混成体をつくり安定化するためで，H^+ と配位結合する孤立電子対をもつ構造（一番左の構造）がほんのわずかしか存在していないからである．

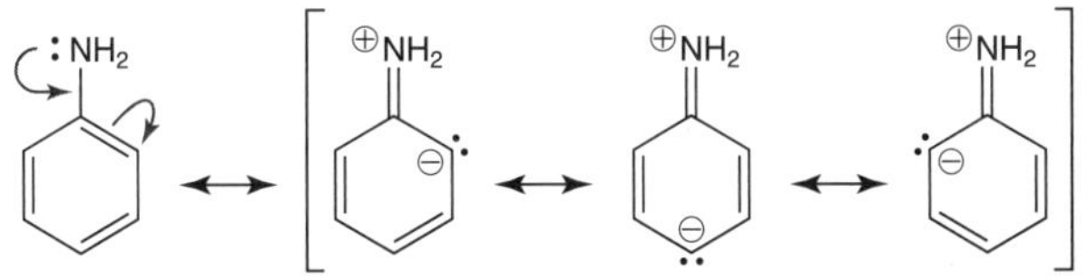

図 7・16　アニリンの共鳴安定化機構

アミノ基の反応性

1）アミドの形成反応

　第一級アミン，第二級アミンは，ヒドロキシ基と類似の反応機構で，酸無水物と反応してアミドを形成する（図 7・17）．

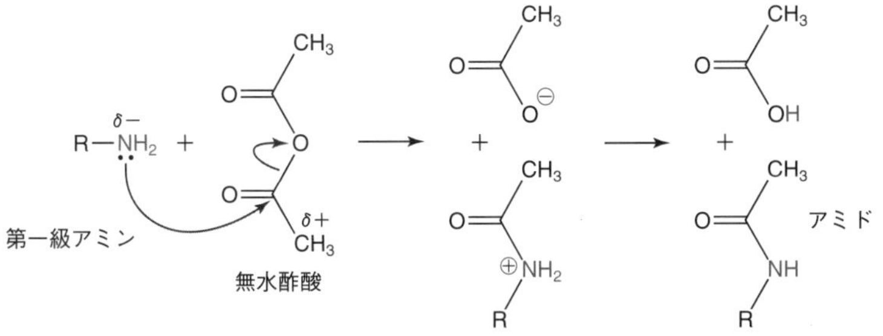

図 7・17　第一級アミンと無水酢酸とのアミド化反応

アミンは自身が H^+ を奪う性質をもつため（塩基性），フラスコ内の反応として，ヒドロキシ基のように酸触媒（H^+）存在下でカルボン酸と反応させることは難しい．しかし酵素は生体内でアミンとカルボン酸とのアミド化反応，すなわちタンパク質をつくる反応を楽々やってのける．

■ 7・3　カルボニル基（アルデヒド，ケトン）の性質と反応

カルボニル基の性質

　　カルボニル基は図 7・18 に示す化学構造をもっている．カルボニル炭素は三つの sp^2 混成軌道を形成し，各軌道に電子を 1 個ずつ提供して同一平面上に約 $120°$ の角度をなす 3 本の σ 結合をつくる．カルボニル酸素も三つの sp^2 混成軌道を形成し，6 個の価電子のうち 1 個は sp^2 混成軌道に収容されてカルボニル炭素と σ 結合を形成している（4 個の価電子は他の原子との結合に使われずに残りの二つの sp^2 混成軌道に収容され，2 組の孤立電子対となっている）．カルボニル炭素とカルボニル酸素は p 軌道同士で π 結合も形成している．

孤立電子対

図 7・18　カルボニル基の化学的性質

　　C と O の電気陰性度の差からカルボニル炭素は δ+ に，O は δ- に帯電している．この電荷の偏りを足掛かりとして，カルボニル基は酸化反応，還元反応，求核反応をする．

アルデヒド，ケトンの反応

1）アルデヒドの酸化反応

　　アルデヒドは $KMnO_4$ などの適当な酸化剤と反応させることにより，カルボン酸へ酸化することができる（図 7・19）．

 基本のキ！

図 7・19　アセトアルデヒドの酸化反応（反応機構の説明は省略）

　　アルデヒドをフェーリング溶液（塩基性で Cu^{2+} を含む青色溶液）と共に加熱すると，自身が酸化されることにより銅イオン(Cu^{2+})を還元し，赤色の酸化銅(Cu_2O)が沈殿する（図 7・20）．

$$R-\overset{O}{\underset{H}{\overset{\|}{C}}} + \boxed{2\,Cu^{2+}} + 5\,OH^- \longrightarrow R-\overset{O}{\underset{OH}{\overset{\|}{C}}} + \boxed{Cu_2O} + 3\,H_2O$$

アルデヒド　青色溶液　　　　　　　　　カルボン酸　赤色沈殿

図 7・20　アルデヒドによるフェーリング溶液の還元反応

　　この反応は，還元糖の定性実験（検出実験）や炭水化物の定量実験（ソモギー変法）などで利用される．

2）アルデヒド，ケトンの還元反応

　アルデヒドは $LiAlH_4$ や $NaBH_4$ などの還元剤と反応させると第一級アルコール
へ，ケトンも同様の反応で第二級アルコールへ還元することができる（図7・
21）.

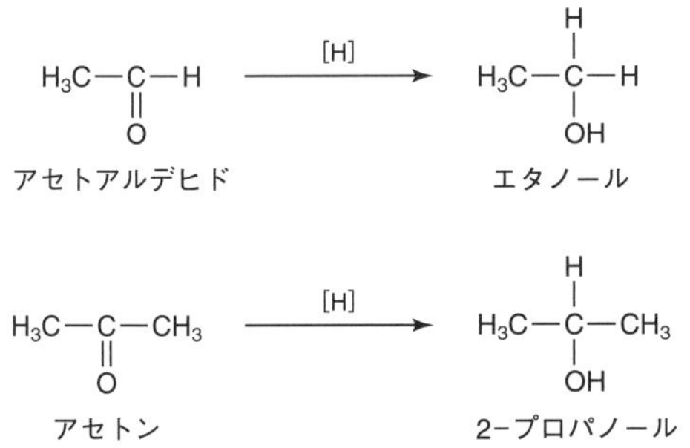

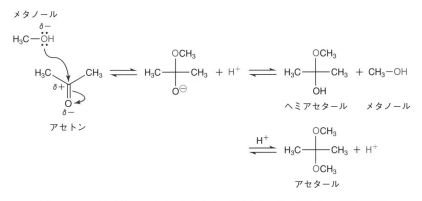

図 7・21　アセトアルデヒド，アセトンの還元反応
（反応機構の説明は省略）

基本のキ！

3）アルデヒド，ケトンの求核付加反応：ヘミアセタール，アセタールの生成

　アルデヒド，ケトンはアルコールと反応して，ヘミアセタール，アセタール
（アセタールへは酸触媒を要する）を形成する（図7・22）[*].

* アセタール生成の機構
は p.103 のコラムを参照.

図 7・22　アセトンとメタノールによるヘミアセタール，アセタール形成反応

4）アルデヒド，ケトンのアルドール反応

　α 位の炭素（カルボニル炭素に隣接する炭素．次ページコラム参照）に H が
結合しているアルデヒド（またはケトン）は，他のカルボニル化合物に対して**ア
ルドール反応**とよばれる求核付加反応を起こす．生体にとっては炭素骨格を伸長
する重要な反応であり，解糖系や TCA 回路にも関連した反応がさまざまなとこ
ろで登場している[*]（たとえば糖新生におけるグリセルアルデヒドとエリトリ
トール 3-リン酸の反応）．その機構は以下のとおりである.

* 第9章参照.

　アルデヒド（またはケトン）の α 位炭素の H^+ は塩基触媒存在下で容易に引抜
かれる．すると α 位炭素は負電荷を帯びた炭素（**カルボアニオンとよぶ**）となり
反応性が高くなる（図7・23中央）．なお，カルボアニオンの負電荷は二重結合

アドバンス　アルデヒド，ケトンの位置番号

　IUPAC 命名では推奨されてはいないが，カルボニル炭素に隣接した炭素を下図のように順に α 位，β 位，γ 位，δ 位…として化合物名称などに利用することは慣用的によく用いられている．GABA（γ-アミノ酪酸）の名前も γ 位に由来し，また，たとえば TCA 回路中の α-オキソグルタル酸（2-オキソグルタル酸）の α もこれである．

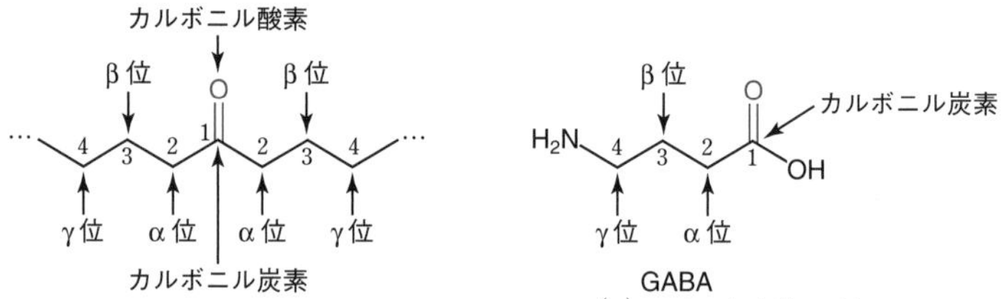

GABA
gamma（γ）amino butylic acid

の移動を伴ってカルボニル酸素が負電荷となる共鳴構造をもつ．これをエノラートアニオン（図右）という．

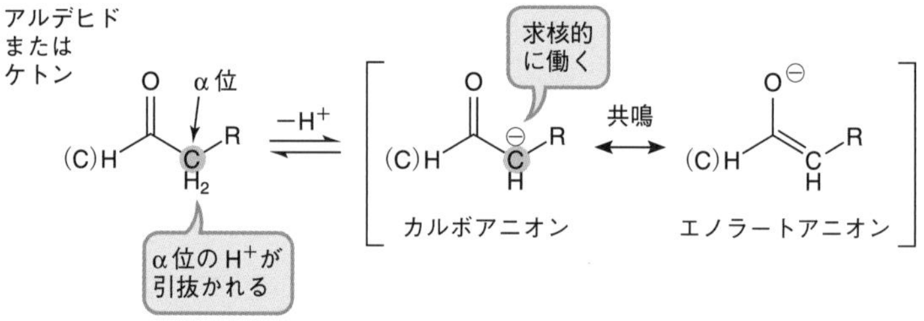

図 7・23　α 位に水素をもつカルボニル基の平衡反応

　カルボアニオンは，別のカルボニル化合物に求核付加反応する（図 7・24）．こうして 2 分子のカルボニル化合物間で新たな炭素-炭素結合が生成され，β-ヒドロキシアルデヒド（3-ヒドロキシアルデヒド）あるいは β-ヒドロキシケトン（3-ヒドロキシケトン）が生成する．

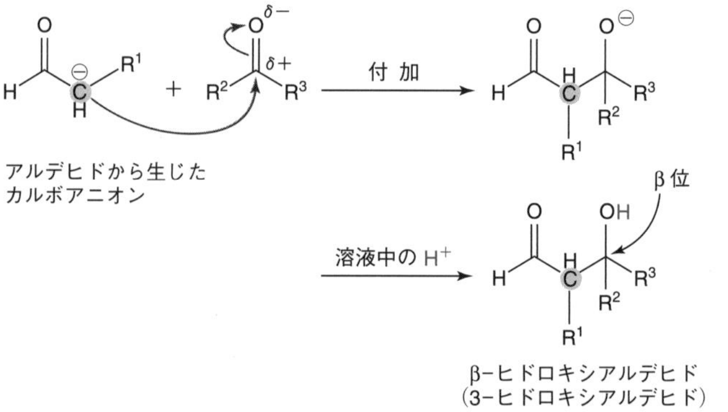

β-ヒドロキシアルデヒド
（3-ヒドロキシアルデヒド）

図 7・24　アルドール反応の反応機構

5) シッフ塩基の形成反応

　アルデヒドやケトンは第一級アミンと脱水縮合反応してイミン **>C=N-R**（シッフ塩基ともいう）を形成する（図7・25）．この反応はアルデヒドである還元糖（おもにグルコース）と第一級アミンであるアミノ酸との反応としてよく知られ，食品の香り，味と深い関係のある褐変反応（メイラード反応*）の初発反応である．また糖尿病（血液中のグルコース濃度が高くなる病気）は，われわれの体を構成するタンパク質中のアミノ基（リシンの ε-アミノ基など）とグルコースのアルデヒド基との間で起こるシッフ塩基形成反応により，組織が劣化していく病気である．

* p.129 参照.

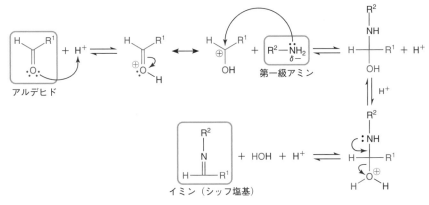

図 7・25　シッフ塩基形成の反応機構

7・4　カルボキシ基の性質と反応

カルボキシ基の性質

　カルボキシ基（-COOH）の化学結合の様子はカルボニル基とほぼ同様である．カルボン酸の沸点は，図7・26に示すように2分子で水素結合を介して強く相互作用するために高く，またカルボキシ基が複数の水分子と水素結合するため（カルボキシ基の水素と水分子の酸素間，カルボキシ基のカルボニル酸素と水分子の水素間），炭素数5までのカルボン酸は水に溶解する（それ以上になると水に溶けにくくなる）．グルタミン酸とアスパラギン酸は側鎖にカルボキシ基をもつのでタンパク質中のこれらの残基はタンパク質の親水性に寄与している．

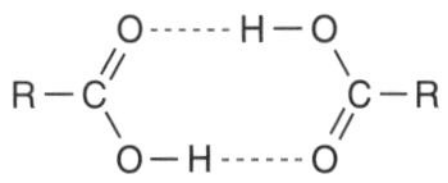

　カルボン酸は H^+ を電離すると陰イオンとなり，図7・27のように共鳴安定化する．このためカルボン酸は容易に H^+ を電離する．したがってカルボキシ基は酸としての性質をもつ．

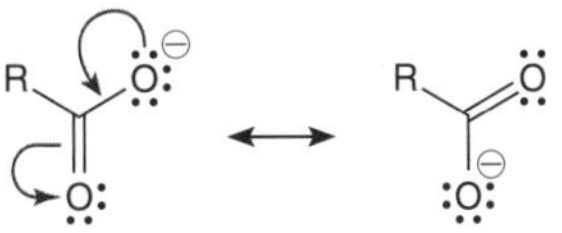

基本のキ！

図 7・26　水素結合(‥‥)を介して結合したカルボン酸の二量体

図 7・27　カルボン酸陰イオンの共鳴安定化機構

カルボキシ基の反応

1) カルボキシ基の還元反応

　カルボン酸は $LiAlH_4$ などの還元剤と反応させることにより第一級アルコールへ還元することができる（図7・28）.

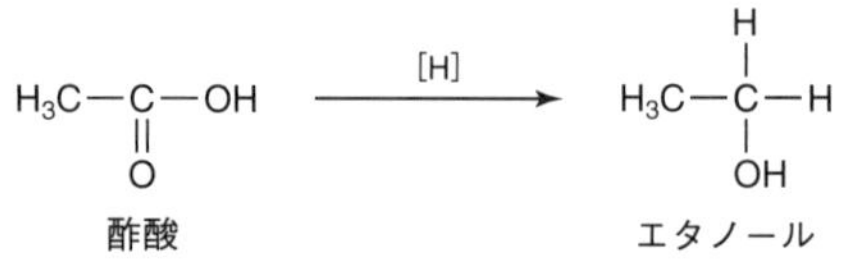

図 7・28　酢酸のエタノールへの還元反応（反応機構の説明は省略）

2) カルボキシ基のエステル形成反応

　カルボン酸は酸触媒存在下でアルコール, フェノールと反応しエステルを形成する（図7・29）*.

* 反応機構は p.103 のコラムを参照.

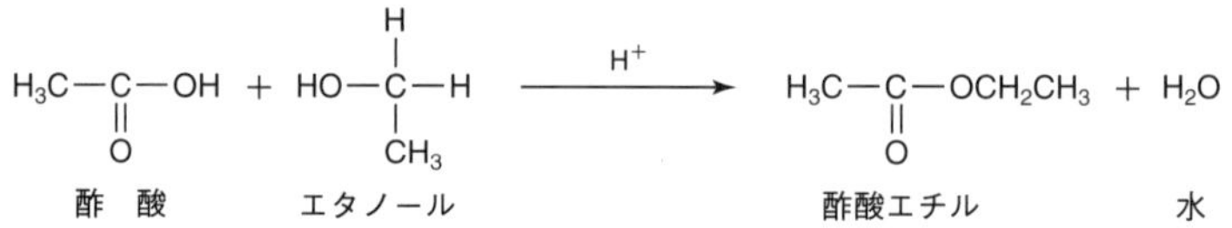

図 7・29　酢酸とエタノールのエステル化反応による酢酸エチルの生成

■ 7・5　エステルの性質と反応

エステルの性質

　エステル基をもつ化合物はエステル同士で分子間水素結合を形成しないため沸点が低い. 果物のよい香り成分の多くは常温で揮発するエステル化合物である（パイナップルの酢酸エチル, リンゴの酢酸イソペンチルなど）. またエステルには水分子の酸素原子と水素結合する水素はないので, カルボン酸に比べて水に溶けにくい（エステルを含む香水の香り成分はエタノールに溶かしている）.

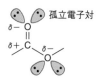

図 7・30　エステルの化学構造

　エステル基は図7・30 に示す化学構造をもち, カルボニル基と同様に C と O の電気陰性度の差から炭素（カルボニル炭素という）は δ+ に, O は δ- に帯電している. この電荷の偏りを足掛かりとして, エステル基も加水分解反応, 求核反応を受ける.

エステルの反応

1) エステルの酸加水分解

　エステルは酸を触媒とする反応機構で酸加水分解され，カルボン酸とアルコールを与える（図7・31）．酸加水分解反応は可逆反応である．エステルの酸加水分解は，小腸での油脂を脂肪酸とグリセロールに分解する反応*であり，生体では酵素（リパーゼ）が触媒する．

* 図9・4参照.

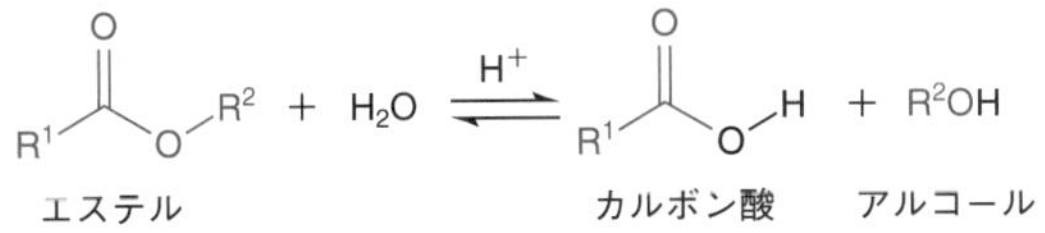

図 7・31　エステルの酸加水分解

2) エステルのアルカリ加水分解（けん化）

　エステルは容易にアルカリ加水分解され，カルボン酸塩とアルコールを与える．アルカリ加水分解反応は不可逆反応である（図7・32）．けん化は油脂からセッケンをつくるときの反応である．

反応機構　エステルの酸加水分解反応

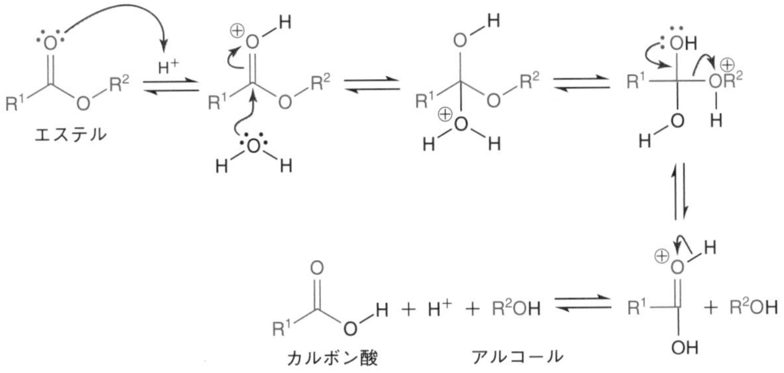

反応機構　エステルのアルカリ加水分解反応

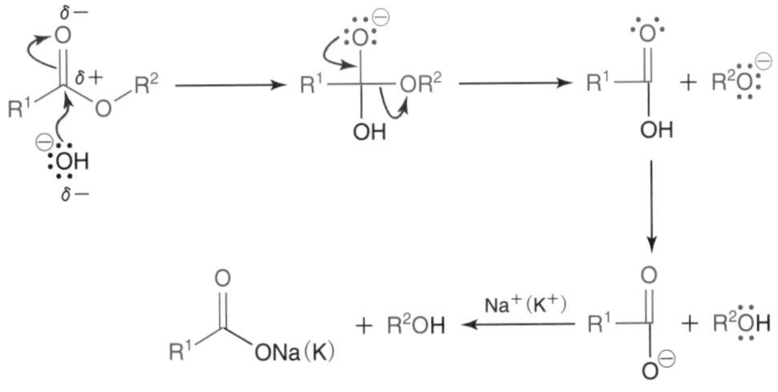

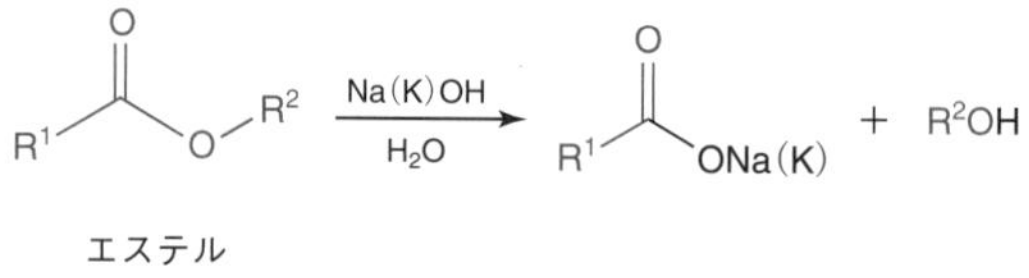

図 7・32　エステルのアルカリ加水分解

3) エステルのクライゼン縮合

α位の炭素（カルボニル炭素に隣接した炭素）にHが結合しているエステルは，他のエステルと反応して**クライゼン縮合***を起こす（図7・33）．クライゼン縮合は，β-ケトエステル（3-オキソエステル）を形成する反応であり，これも生物が炭素骨格を延ばす重要な反応である．アルドール反応（図7・24）とよく似ているので，比べてみるとよい．

* 付加反応の後に脱離反応が起こる反応を縮合反応という．

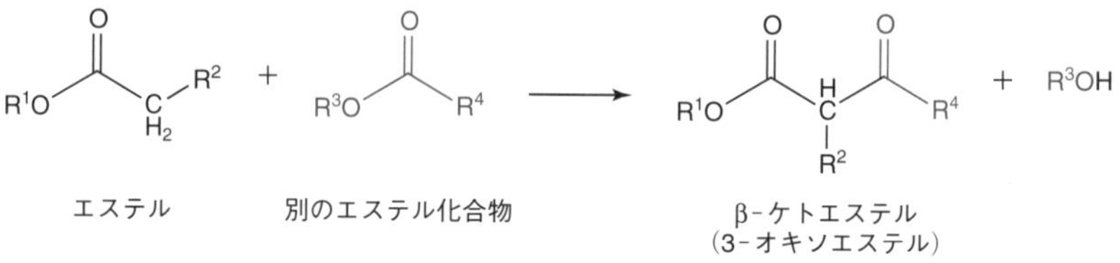

図 7・33　クライゼン縮合

反応機構　クライゼン縮合の反応

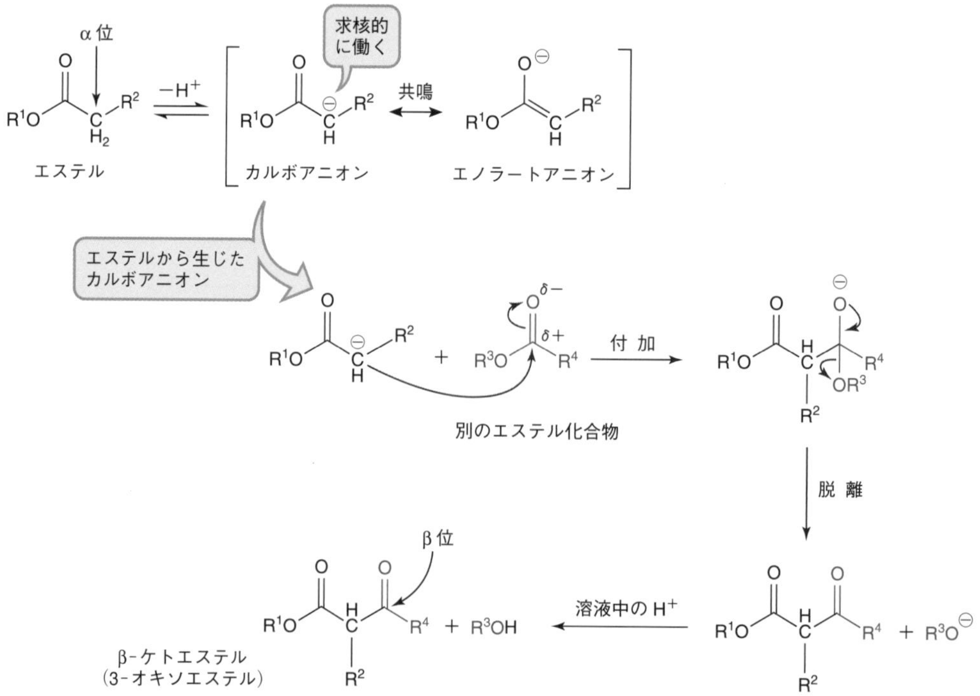

7・6　アミドの性質と反応

アミドの性質

　アミド（–CONH–）はカルボニル炭素とアミンが結合した化合物で，とても安定である．タンパク質はアミノ酸がアミド結合で結合した物質で（アミノ酸同士のアミド結合を特にペプチド結合という，図7・34），生体内で酵素や受容体といった機能性タンパク質が安定に存在できるのも，アミド結合（ペプチド結合）が安定な結合様式であるからである．

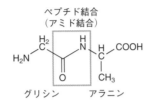

図 7・34　ペプチド結合の例

　アミドの化学結合は他のカルボニル化合物とほぼ同様である．ただしアミンと同様に C–N 単結合をもつが，アミンとは異なり中性の化合物である．これはアミドの N の孤立電子対がカルボニルの π 電子と共に非局在化することにより，図7・35に示す共鳴構造で表せるようになり，H$^+$の受け手とならないことによる．またこの共鳴構造をとることで炭素–窒素結合は二重結合性ももつので炭素–窒素結合の回転は制限され，アミド部分は平面構造となる．

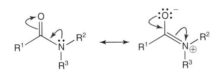

図 7・35　アミドの共鳴構造

　エステルと同様に，アミドは酸，アルカリで加水分解を受ける．

アミドの反応

1) アミドの酸加水分解

　アミドは酸を触媒として酸加水分解を受け，カルボン酸とアミンを与える（図7・36）．酸加水分解反応はアミンが酸性条件下でプロトン化されると不可逆となる．アミドの酸加水分解は，タンパク質を構成するアミノ酸組成を分析するため，研究室でよく実施される反応である．

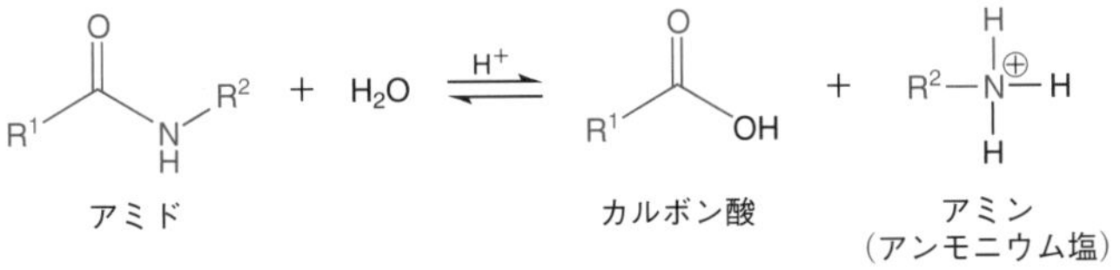

図 7・36　アミドの酸加水分解

反応機構 アミドの酸加水分解反応

章末問題

問題7・1★★　1-ペンタノール，2-ペンタノールと次に示す反応剤との反応により，どのような生成物が得られるか.
(a) CrO_3　　(b) PCC

問題7・2★　グルコース環状構造には，α型，β型の2種類が存在する．その理由を鎖状構造が環状構造に変わるときの化学反応を用いて説明せよ．

問題7・3★　アンモニアが塩基性を示す理由を説明せよ．

問題7・4★★　シアン化イオン CN^- のアセトンカルボニル基への求核付加，つづいてプロトン化（下式）によるアルコールを与える反応の生成物を示せ．

問題7・5★★　4-ヒドロキシブタナールを酸触媒存在下で反応させると，2-ヒドロキシテトラヒドロフランが得られる（下式）．反応機構を示せ．

問題7・6★★　CH_3CHO と $CH_3CH_2CH_2CHO$ が混ざった溶液を塩基性にしてアルドール縮合反応を起こさせたとき，これらの物質が反応して生じる化合物の構造をすべて記せ（立体異性体は考えず平面構造のみでよい）．

問題7・7★★★　次の化合物同士のアルドール反応生成物を示せ．

問題7・8★　カルボキシ基が酸性を示す理由を説明せよ．

問題7・9★　エステルの酸加水分解で，触媒である H^+ がエステル構造にどのように付加するか図示して示せ．

問題7・10★　エステルのアルカリ加水分解で，OH^- がエステル構造中のどの原子と反応するか図示して示せ．またこの反応は求電子反応か求核反応か答えよ．

8 食品成分の有機化学

【学習目標】
1 糖質の種類，性質，結合表記ルールを理解する．
2 タンパク質を構成するアミノ酸の種類，性質を理解する．
3 脂質の種類，性質，脂肪酸表記ルールを理解する．

　ここまでの 1〜7 章で，有機化学の基礎（異性体の区別，フィッシャー投影法，IUPAC 名称，官能基の化学反応原理）を比較的単純な化合物を例として学んできた．本章ではこれらの知識を基に，代表的な食品成分・生体成分である糖質，タンパク質，脂質の種類，性質，表記ルールについて学ぶ．

8・1 糖質（炭水化物）

　糖質は，一般式 $C_nH_{2n}O_n$（$n=3$ 以上の整数）で表される脂肪族ポリヒドロキシ化合物とその誘導体である．鎖状構造では多くのヒドロキシ基と一つのカルボニル基（アルデヒド基またはケト基）をもつ．このうち炭素数 3〜6 個のものを**単糖**とよび，これが糖類の基本単位である．生体の最も基本的なエネルギー源であり，細胞や組織の構成成分でもある．糖類の構造や名称，性質など糖質の有機化学は栄養学の基本なのできちんと理解しておこう．

基本のキ！

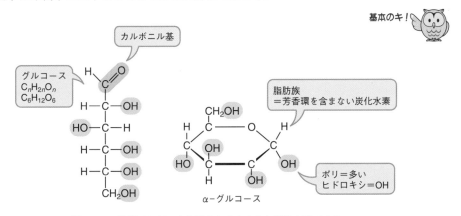

図 8・1　糖質はヒドロキシ基をたくさん含む炭化水素である

* §7・3(1)"アルデヒド
の酸化反応"で説明したよ
うに, アルデヒドは酸化剤
を還元できる. デンプンな
どのグルコース末端を還元
末端とよぶのはこのためで
ある.

8・1・1 単糖の分類

天然に存在する単糖は, 鎖状構造をとったときに, アルデヒド基 (**還元末端**[*])
をもつ**アルドース** (例: グルコース) とケト基をもつ**ケトース** (例: フルクトー
ス) に分けられる (図8・2).

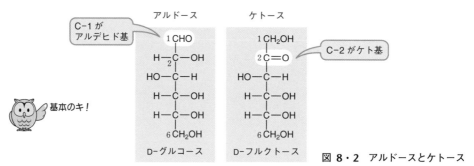

図 8・2 アルドースとケトース

また単糖を, それを構成する "炭素の数" でよぶことも多い. 炭素数を表す数
詞 (表3・1) に糖を表す -ose をつける. 三炭糖はトリオース (triose), 四炭糖
はテトロース (tetrose), 五炭糖はペントース (pentose), 六炭糖はヘキソース
(hexose) である.

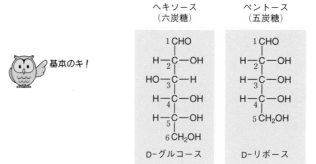

図 8・3 ヘキソースとペントース

単糖を "環状構造の違い" で区別することもある. 六員環を巻く単糖を**ピラ
ノース** (pyranose), 五員環を巻く単糖を**フラノース** (furanose) とよぶ.

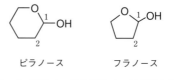

ピラノース   フラノース

図 8・4 ピラノースとフラノースの基本構造

たとえばグルコースは, アルドースであり, ヘキソース, ピラノースでもあ
る.

単糖の鎖状構造の表記には, 通常フィッシャー投影式が用いられる. これらの
立体異性体は, §5・2・2で学んだグリセルアルデヒドの立体配置を基準にした
D系列とL系列に大別される. 天然に存在する単糖のほとんどすべてはD系列
に属する. 単糖類のDLの判定は, 炭素番号の一番大きな不斉炭素に付いている

ヒドロキシ基（OH基）の向きが，グリセルアルデヒドで決めたDLのどちらと
同じかで決まる．図8・5に示すように，D-グリセルアルデヒドの不斉炭素には
フィッシャー投影式で左側にH，右側にOHがある．したがってヘキソースに
おいては，炭素番号5番のOH基が右に付いていればD系列となる．

　天然に存在するD-アルドース，D-ケトースの構造（フィッシャー投影式）を
図8・5，図8・6にそれぞれ示す（栄養学で特に重要な糖の名称を赤字で示した．
また，よく使われる略号も示す）．

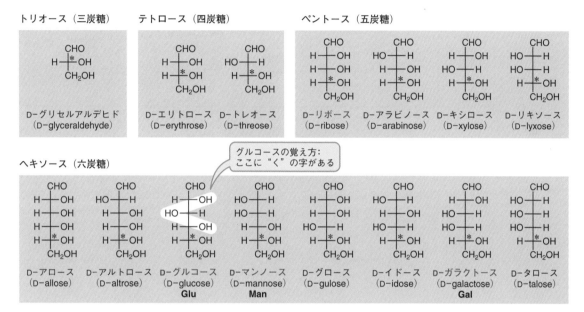

図 8・5　D系列アルドースの鎖状構造（＊印は炭素番号の一番大きな不斉炭素）

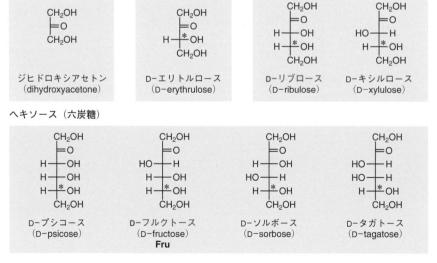

図 8・6　D系列ケトースの鎖状構造（＊印は炭素番号の一番大きな不斉炭素）

アドバンス α-アノマーとβ-アノマー

　"フィッシャー投影式で環構造を記載するとき,アルドースであればC1のOHと C5のO,ケトースであればC2のOHとC5のOが上下に並んだ炭素骨格に対して 同じ側（図では共に右）にあればα,反対側にあればβとする。"がα,βを決める 本来の基本原理である。ハース式で記載すると,D糖ではアノマーのヒドロキシ基が 下向きのときα,上向きのときβとなる。

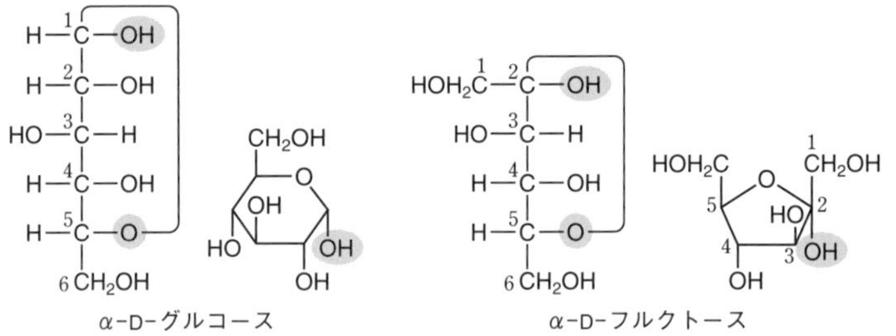

α-D-グルコース　　　　　　　　α-D-フルクトース

* 図7・5, 図7・6参照.

　水溶液中では,鎖状構造の単糖分子内のカルボニル基（アルデヒド基またはケ ト基）と,空間的にそばにあるヒドロキシ基が分子内求核付加反応し*,環状ヘ ミアセタールが形成される。たとえば,D-グルコースは六員環を形成し,その 環構造をD-グルコピラノースという。

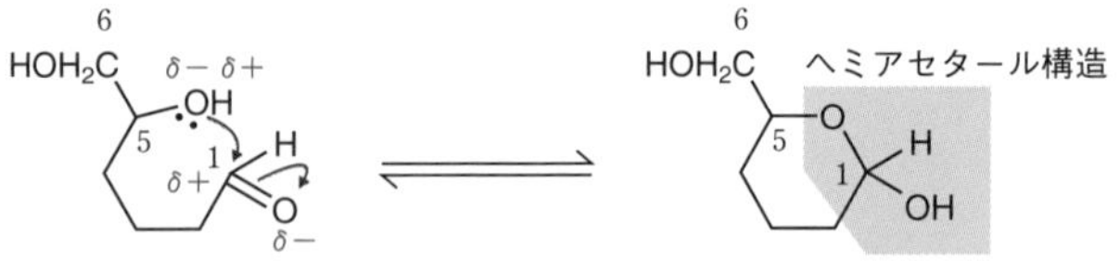

図 8・7　アルドースのヘミアセタール（環状構造）形成反応

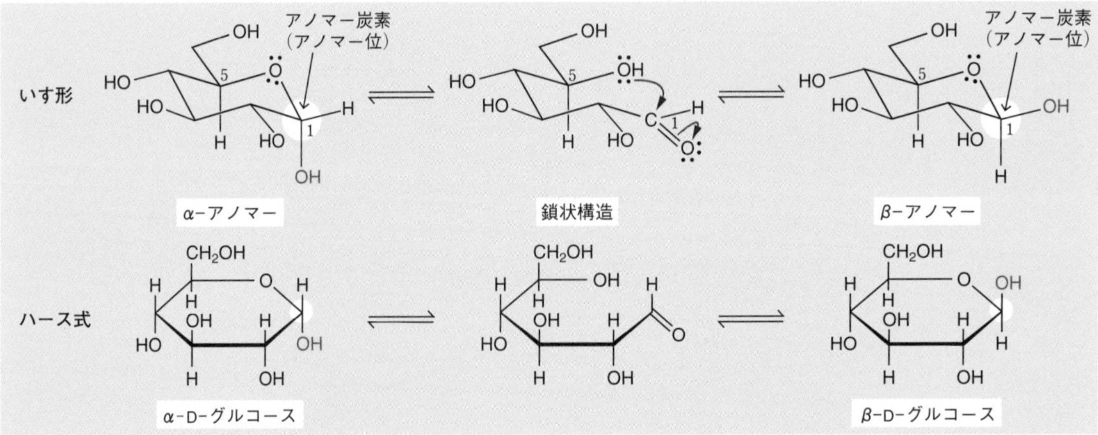

α-アノマー　　　　　　鎖状構造　　　　　　β-アノマー

α-D-グルコース　　　　　　　　　　　　　　　　β-D-グルコース

図 8・8　D-グルコースのα-アノマー,β-アノマー　α-アノマーとβ-アノマーは鎖状構造を介して相互に変化し,一 定の割合で平衡状態となって存在する。D-グルコースでは,25℃水溶液中でα:β＝36:64の存在割合である。これは βの方が1位OHと2位OHの立体障害が小さく,また1位OH基がエクアトリアル配向で安定なためである。なお, 平衡混合物中の鎖状グルコース状態の存在割合は,0.002%未満にすぎない。

D-アルドースやD-ケトースで環状ヘミアセタールが形成されるとき（環構造となるとき），単糖の1位（D-アルドース）あるいは2位（D-ケトース）に新しく不斉炭素が生じる．この1位あるいは2位を**アノマー位**とよぶ（図8・8）．これら炭素（アノマー炭素）に結合したヒドロキシ基の向きにより α-アノマーと β-アノマーを区別する．天然の糖はすべて D 糖であり，D 糖の場合はハース式で環構造を書いたときアノマーのヒドロキシ基が下向きのとき α，上向きのとき β となる*．

糖の環状構造を表記する方法として，いす形表記とハース（Haworth）式がある（図8・8）．実際の環状立体構造はいす形表記に近いが，置換基の上下関係がわかりやすいのでハース式がよく用いられる．フィッシャー投影式で描かれた鎖状構造をハース式に変更したいときは図8・9のようにすればよい．

アノマー位 anomeric position

* アノマーが還元末端で α 体と β 体が混在するときは下図のように描く．

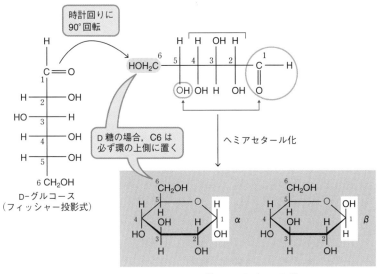

図 8・9 フィッシャー投影式をハース式に変換する

食品と化合物 **冷たいほうが甘い？**

代表的な甘味料の一つフルクトース（果糖）は冷たいほうが甘い（右図）．これにはアノマー平衡がかかわっている．D-フルクトースの β-アノマーは α-アノマーより3倍甘い．そして，β-アノマーと α-アノマーの平衡（つまり立体構造変化の平衡）は温度により変わり，温度が低いと β-アノマーが多くなるのだ．そのため，フルクトースは高温ではショ糖（スクロース）より甘みが少なく，40℃以下ではショ糖より甘くなる．フルクトースを豊富に含む果物は冷やして食べる方が甘いのはこのためである．また温かい缶コーヒーには甘味料としてショ糖が使われるが，冷たい清涼飲料には安価でフルクトースが豊富な"果糖ぶどう糖液糖"が用いられるのも，これが理由である．

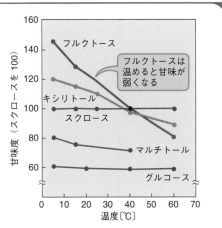

温度による甘味度の変化［北畑寿美雄ほか，化学総説，**40**，52(1999)より］

食品と化合物 **プリンのカラメルはなぜ茶色？**

　グルコースやデンプンなどの糖類を加熱すると，さまざまな香気成分，褐変が生成する化学反応が起こる．これを**カラメル化反応**という．まさにプリンのカラメルをつくるときに起こっている反応である．代表的な初期のカラメル化反応を下図に示す．

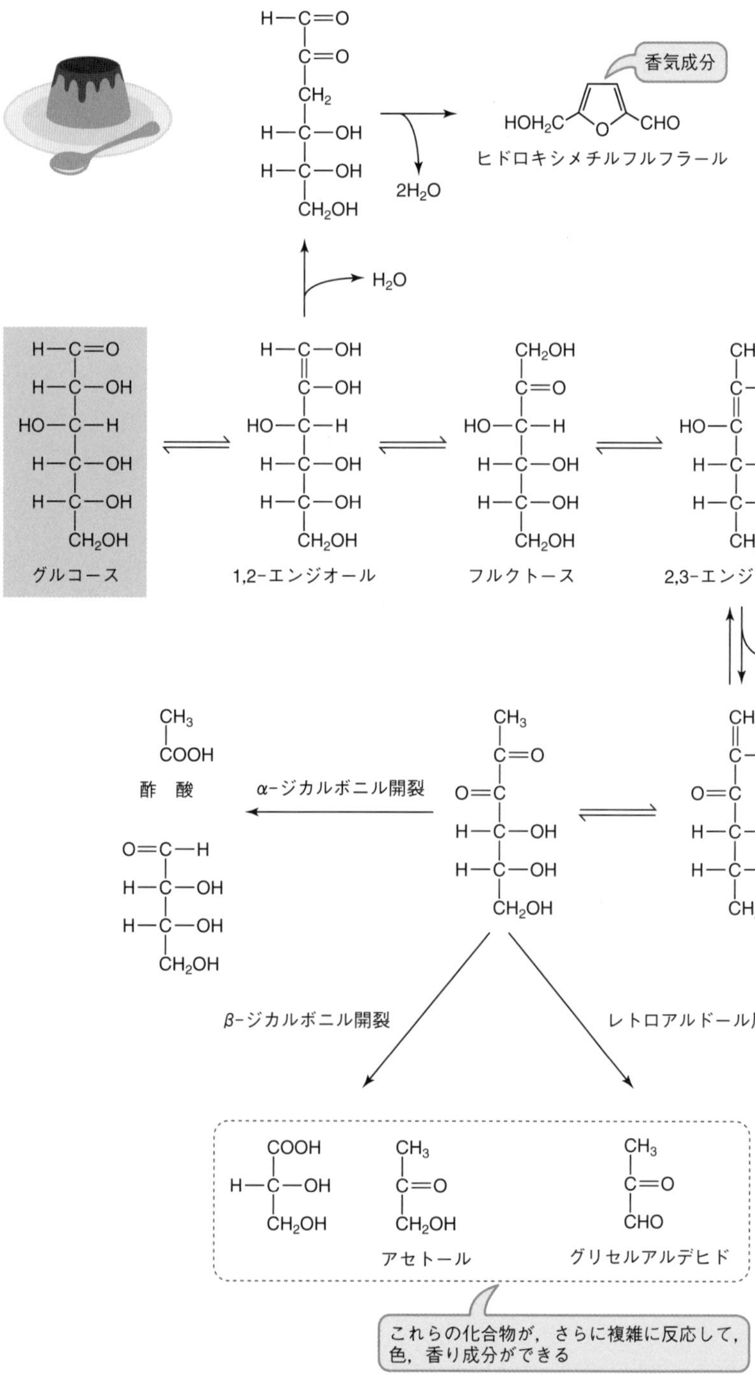

香気成分

ヒドロキシメチルフルフラール

$2H_2O$

H_2O

グルコース　　1,2-エンジオール　　フルクトース　　2,3-エンジオール

H_2O

酢酸　　α-ジカルボニル開裂

β-ジカルボニル開裂　　　　　　　　　　　レトロアルドール反応

アセトール　　　グリセルアルデヒド

これらの化合物が，さらに複雑に反応して，色，香り成分ができる

8・1・2 単糖の誘導体

生体内では糖から派生してできるさまざまな誘導体が機能している．ここでは代表的な糖誘導体を紹介する．

1) **アルドン酸**　アルドースの1位アルデヒドが酸化されてカルボン酸になったものを**アルドン酸**（aldonic acid）という（図8・10）．それぞれのアルドースの名称末尾の -ose を外し，-onic acid とする．D-グルコースのアルドン酸であるD-グルコン酸（D-gluconic acid）は果物やワインにも少量存在する．

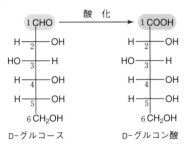

図 8・10 D-グルコン酸の構造

2) **ウロン酸**　アルドースやケトースの炭素鎖末端の第一級ヒドロキシ基がカルボン酸まで酸化されたものを**ウロン酸**という（図8・11）．命名は同様に末尾の -ose を外して -uronic acid を付ける．D-グルコースのウロン酸であるD-グルクロン酸（D-glucuronic acid）はグルクロン酸抱合とよばれる重要な解毒機構にかかわり，グルクロン酸と異物をエステル結合で結びつけて排出を促進するのに利用される．

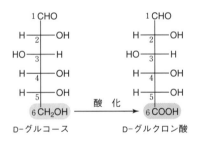

図 8・11 D-グルクロン酸の構造

3) **糖アルコール**　アルドース，ケトースのアルデヒド，ケトンを還元してアルコールにしたものを，**糖アルコール**という（図8・12）．命名は末尾の -ose を外して -itol を付ける．有名なものにD-キシロースを還元したD-キシリトール（D-xylitol）（甘味料）がある．

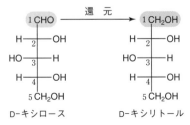

図 8・12 D-キシリトールの構造

4) デオキシ糖　　アルドース，ケトースの OH 基が H に置き換わったもの
を**デオキシ糖**という（図 8・13）．有名なものに DNA を構成する 2-デオキシリ
ボース（D-リボースの C2 の OH が H となったもの）などがある．

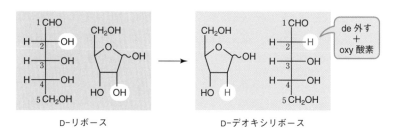

図 8・13　D-デオキシリボースの構造

5) アミノ糖　　アルドース，ケトースの OH 基がアミノ基に置き換わったも
のを**アミノ糖**という（図 8・14）．有名なものに D-グルコースの 2 位の OH 基が
第一級アミンに置き換わった D-グルコサミンがある（末尾の e を外して -amine
を付ける）．この D-グルコサミンのアミノ基がアセチル化された N-アセチルグ
ルコサミンなども有名である[*1]．甲殻類の殻はキチンという成分からなるが，
これは N-アセチルグルコサミンが長くつながったものである．軟骨の成分であ
るコンドロイチンは，D-グルクロン酸と N-アセチル-D-ガラクトサミンの二
つの糖が反復する糖鎖に，ところどころ硫酸が結合した構造をもっている．

*1　なお，ここの N とい
うのはアミンの N がアセ
チル化された（アミドが形
成された）という意味で，
OH がアセチル化された場
合は，O-アセチル，SH 基
がアセチル化された場合
は，S-アセチルと表記す
る．（p.59 のコラム参照）

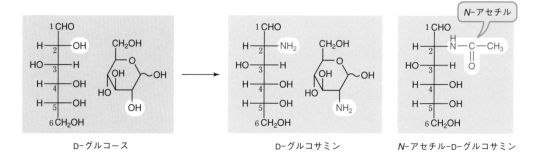

図 8・14　D-グルコサミンの構造

8・1・3　糖と糖の結合様式の表記

単糖はつながって二糖や多糖となる．糖と糖の結合は**グリコシド結合**とよば
れ，一つの糖のヘミアセタールと，もう一つの糖のヒドロキシ基が脱水縮合して
アセタールとなる[*2]ことにより形成される．単糖間の結合は，隣接した単糖
の何位と何位がどのような結合様式（α あるいは β）で結合しているかで表記す
る．具体的には，アノマー炭素側を矢印の始点として，図 8・15 のように表記す
る．

マルトース（麦芽糖）は 2 分子の D-グルコースが α1→4 結合した二糖で，麦
芽に多く含まれており，水あめの主成分である．ラクトース（乳糖）は D-ガラ
クトースと D-グルコースが β1→4 結合した二糖で，哺乳類の乳に含まれる．

*2　図 7・7 参照．

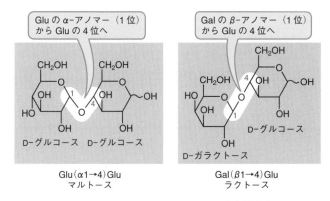

図 8・15　マルトースとラクトースの結合様式表記

またスクロースのように二つの単糖がアノマー炭素同士で結合している場合は，両矢印を用いて Glc(α1↔2β)Fru のように記す（図8・16）.

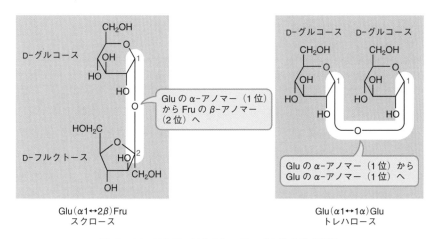

図 8・16　スクロースとトレハロースの結合様式表記

スクロース（ショ糖，砂糖）はD-グルコースとD-フルクトースがα1↔2β結合した二糖である．トレハロースは2分子のD-グルコースがα1↔1α結合した二糖で，甘味剤として食品に用いられるほか，保湿剤として化粧品にも用いられる.

8・1・4　多　糖

多くの単糖がグリコシド結合によって連結したものが多糖である．代表的な多糖を図8・17に示す.

1）セルロース　　D-グルコースがβ1→4結合で多数つながった多糖がセルロースである．糖鎖としては直線状の構造をもち，糖鎖同士が平行して並んで相互に水素結合を形成するため剛直である．このため植物の細胞壁の構成材料（食物繊維）である．哺乳類はD-グルコースのβ1→4結合を切断する酵素をもたないため，セルロースは栄養源とはならない*.

* 草食動物がセルロースを分解できるのは，β1→4結合を切断する酵素をもつ腸内細菌のおかげである.

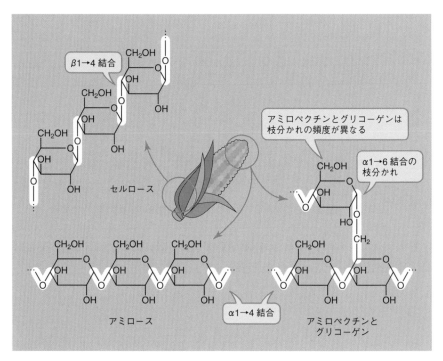

図 8・17　代表的な多糖

2) **デンプン**　　デンプンは D-グルコースが α1→4 結合でつながったアミ
ロース（グルコース残基 100〜1000）と，α1→4 結合のほかところどころに
α1→6 結合（20〜30 残基に 1 回程度）で枝分かれするアミロペクチン（グルコー
ス残基 300〜600）から成り立っている多糖である．植物が光合成でつくった D-
グルコースを栄養源として蓄えるための多糖であり，動物にとってもおもな栄養
源である．

3) **グリコーゲン**　　植物の貯蔵用の多糖がデンプンであるのに対し，動物
の貯蔵用の多糖がグリコーゲンである．グリコーゲンはアミロペクチンと同じ
く，D-グルコースが α1→4 結合のほかところどころで α1→6 結合（8〜12 残基
に 1 回程度）でも枝分かれした多糖である．α1→6 結合した側鎖の長さはアミロ
ペクチンより短く，グルコース残基は 6000〜60,000 個程度である．

■ **8・2　アミノ酸とタンパク質**

8・2・1　アミノ酸

広義にはアミノ基とカルボキシ基の両方をもつ有機化合物をアミノ酸といい，
天然には 350 種類以上のアミノ酸が見いだされている．ヒトのタンパク質は 20
種類のアミノ酸からなるが（図 8・18），このうち自ら生合成することが不可能
な 9 種類を**必須アミノ酸**（不可欠アミノ酸）とよぶ．必須アミノ酸は，食物から
摂取しなければならない．ヒトのタンパク質を構成する 20 種類のアミノ酸は，

アミノ基がカルボキシ基の隣の炭素（α炭素[*1]）に結合しているのでα-アミノ酸とよばれる．これらのα炭素はグリシンを除いてすべて不斉炭素であり，システイン以外すべてS配置である[*2]．

また，ヒトに必要なα-アミノ酸の立体は，すべてL型（L-アミノ酸）である（糖の場合と同様にグリセルアルデヒドを基準に決める．図8・19）．D-アミノ酸は天然にはほとんど存在しない．

*1　p.110コラム"アルデヒド，ケトンの位置番号"参照．

*2　システインのみβ炭素に硫黄原子を含むためR配置．

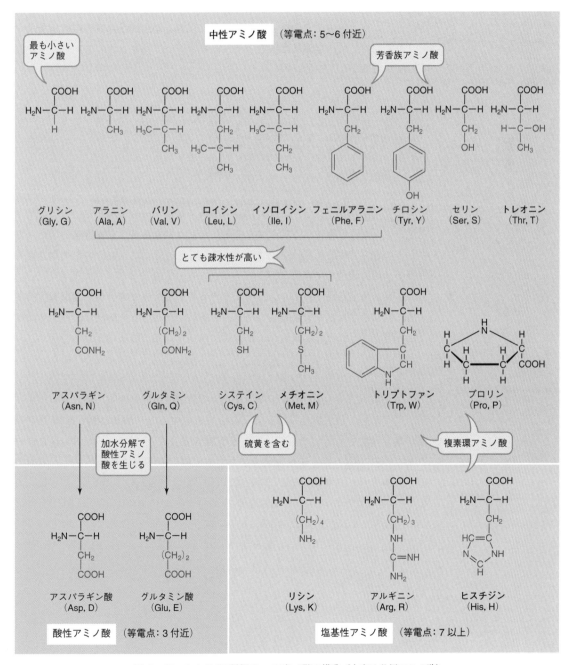

図 8・18　ヒトの20種類のL-アミノ酸の構造（太字は必須アミノ酸）

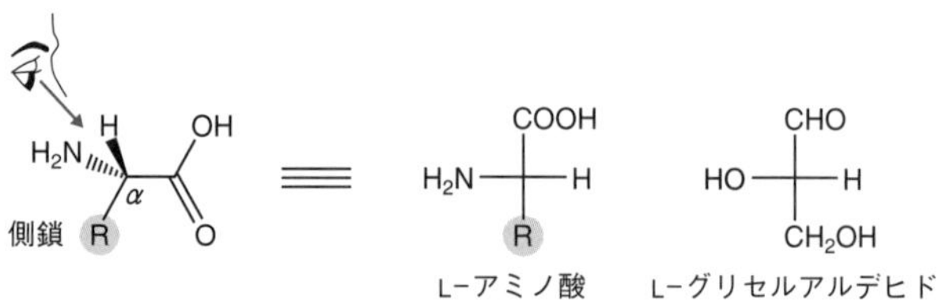

図 8・19 α-アミノ酸の立体化学

アミノ酸はアミノ基とカルボキシ基をもつため，両性物質である．したがって中性付近の水溶液中では両性イオンとして存在するが，酸性水溶液中では陽イオン（カチオン）に，塩基性水溶液中では陰イオン（アニオン）の方向へ平衡が傾く（図 8・20）．

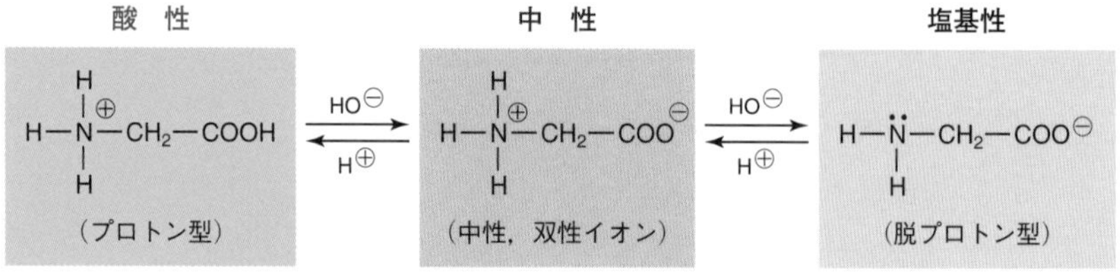

図 8・20 グリシンの酸性，中性，塩基性水溶液中での状態

両性イオンだけが存在する状態（正味電荷がゼロになる点）を**当量点**といい，このときの pH を**等電点**（pI）という．等電点の違いにより，中性アミノ酸，塩基性アミノ酸，酸性アミノ酸に分類できる．分子中にアミノ基を二つもつリシン，グアニジノ基をもつアルギニン，イミダゾール基をもつヒスチジンは塩基性アミノ酸，二つのカルボキシ基をもつグルタミン酸やアスパラギン酸は酸性アミノ酸で，等電点はそれぞれ塩基性および酸性に傾いている（図 8・18）．

8・2・2 ペプチドとタンパク質

*1 §7・2(1) "アミドの形成反応" 参照.

*2 この数字は便宜的なもので，きっちり決まっているわけではない.

アミノ酸のアミノ基とカルボキシ基は，それぞれが別のアミノ酸のカルボキシ基，アミノ基と脱水縮合してアミド結合を形成する*1（図 8・21）．アミノ酸同士が縮合したアミド結合を特に**ペプチド結合**とよび，これがタンパク質を形づくっている．§7・6 で述べたように，アミド結合は共鳴によりとても安定なので，生体内タンパク質は安定に存在できる．アミノ酸が 2〜10 個つながったものをオリゴペプチド，10〜50 個つながったものをポリペプチド，50 個以上つながったものをタンパク質という*2．

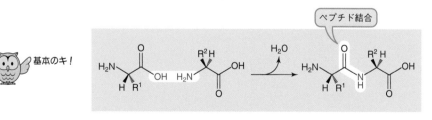

図 8・21 アミノ酸同士のアミド結合（ペプチド結合）

アドバンス　フライドポテトはなぜ香ばしい？

　鎖状グルコース末端のアルデヒド基とタンパク質やアミノ酸中の第一級アミノ基との脱水縮合（シッフ塩基の形成）で始まる一連の反応を**メイラード反応**という．発酵食品，加熱食品のさまざまな香気，味，褐変などはメイラード反応で生じる物質が原因のことが多い．図に香気成分である2-アセチルフランやメチオナール（共にポテト様香気）が生じるメイラード反応の初期反応を示す．

　メイラード反応で起こる最初のタンパク質中のアミン（リシン側鎖の ε-アミノ基など）とグルコースのアルデヒド基の反応機構については，シッフ塩基の形成反応（図7・25）で説明した．また中間産物であるジカルボニル化合物はカルボニル基が二つ並んでいるため反応性が高い．これらがアミノ酸と反応してアルデヒド類（香気物質）を生じる化学反応をストレッカー分解という．図にはストレッカー分解でL-メチオニンからメチオナールが生成する例を示した．

　図に示したのはメイラード反応の初期のみである．食品中ではさまざまな化学物質間で同様の複雑な化学反応が起こり，食品ごとの特有な香り，味，色（褐色，黒色）を呈する物質がつくられる．

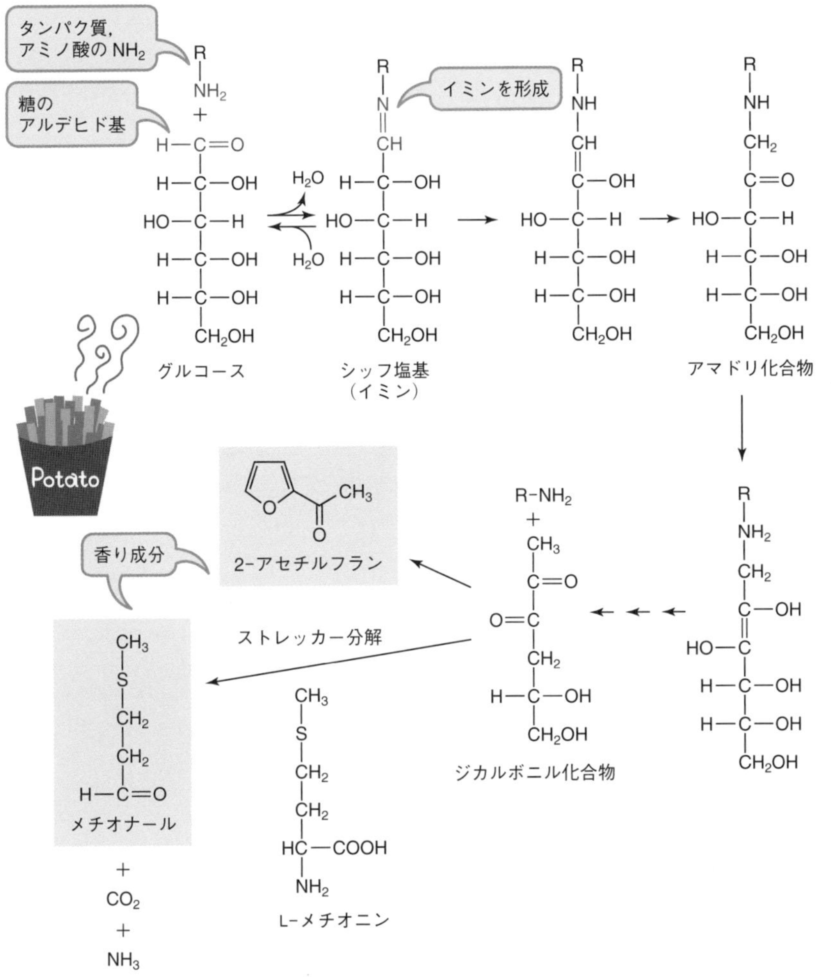

メイラード反応の初期反応

8・3　脂　質

*　炭素と水素は図2・7
に示すように電気陰性度に
差がほとんどないため炭化
水素構造内には電気的な偏
りは生じず，疎水性が高く
なる.

脂質は"水に溶けにくく，有機溶媒に溶けやすい生体物質"の総称で，一つの構造では定義できない. 中性脂肪に代表される，長い鎖状炭化水素にカルボキシ基が結合した**脂肪酸**（図8・22）のエステルを含むもの（§8・3・1）や，環状炭化水素が連なったコレステロール類（§8・3・2）などに分類される. いずれも炭化水素構造が多く，疎水性が強いものが多い*.

基本のキ！

図 8・22　脂肪酸の構造

脂肪酸はカルボキシ基の分だけ炭化水素そのものより親水性があり反応性もあるが，その他のほとんどの部分は炭化水素の鎖でできているので疎水性の強い物質である. さらにほとんどの脂質中の脂肪酸ではカルボキシ基はエステル結合している（図8・23参照）ため，カルボキシ基の親水性も失われている.

8・3・1　脂肪酸からなる脂質

1) **中性脂肪**　　**中性脂肪**（トリアシルグリセロール，トリグリセリド）は，グリセロールの三つのヒドロキシ基に脂肪酸がエステル結合した化合物である. β酸化によりアセチルCoAをたくさん生み出せる炭化水素構造をたっぷり含み，また疎水性なので細胞質に溶けずコンパクトに保管できることから，効率の良いエネルギー貯蔵物質である.

基本のキ！

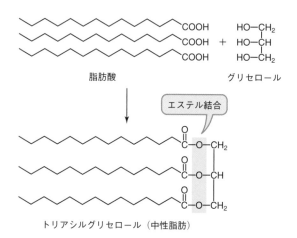

図 8・23　中性脂肪の構造

中性脂肪を構成する動植物系のおもな脂肪酸を表8・1に示す. なお，生体・食品中の脂肪酸に存在する二重結合は通常すべて *cis* である.

表 8・1　動植物の中性脂肪を構成するおもな脂肪酸

酸	炭素数	構造	融点(℃)	略記法
飽和脂肪酸				
ラウリン酸	12	$CH_3(CH_2)_{10}COOH$	44	12:0
ミリスチン酸	14	$CH_3(CH_2)_{12}COOH$	54	14:0
パルミチン酸	16	$CH_3(CH_2)_{14}COOH$	63	16:0
ステアリン酸	18	$CH_3(CH_2)_{16}COOH$	70	18:0
アラキジン酸	20	$CH_3(CH_2)_{18}COOH$	77	20:0
不飽和脂肪酸 (二重結合はすべて *cis*)				
パルミトレイン酸	16	$CH_3(CH_2)_5CH=CH(CH_2)_7COOH$	0	16:1, Δ^9
オレイン酸	18	$CH_3(CH_2)_7CH=CH(CH_2)_7COOH$	14	18:1, Δ^9
リノール酸	18	$CH_3(CH_2)_4(CH=CHCH_2)_2(CH_2)_6COOH$	−5	18:2, $\Delta^{9,12}$
α-リノレン酸	18	$CH_3CH_2(CH=CHCH_2)_3(CH_2)_6COOH$	−11	18:3, $\Delta^{9,12,15}$
アラキドン酸	20	$CH_3(CH_2)_4(CH=CHCH_2)_4(CH_2)_2COOH$	−50	20:4, $\Delta^{5,8,11,14}$

（吹き出し）左が炭素数，右が二重結合数

（吹き出し）不飽和結合

（吹き出し）二重結合の位置

　脂肪酸は炭化水素構造内に *cis* 二重結合を含む**不飽和脂肪酸**と二重結合を含まない**飽和脂肪酸**に分類される．おもに飽和脂肪酸で構成される中性脂質は炭化水素構造（しっぽ）が比較的まっすぐで密に並ぶことが可能なため融点が高くなり（類似の分子構造を有する化合物の固体では，密度が高くなるものほど流動性を高めるために多くのエネルギーが必要であるため融点が高くなる），*cis* 二重結合をもつ不飽和脂肪酸で構成される中性脂肪は，炭化水素構造が二重結合によって曲がり[*1]密に並べないため融点は低い．このためおもに不飽和脂肪酸で構成される植物の中性脂肪（てんぷら油）は常温で液体，飽和脂肪酸で構成される肉類の中性脂肪（ラード）は常温で固体である．

天ぷら油（常温で液体）は不飽和脂肪酸が豊富

ラード（常温で固体）は飽和脂肪酸が豊富

　脂肪酸の構造の表記法として，IUPAC ルールとは別に "C18:3, $\Delta^{9,12,15}$" のように表す便利な略記法がある．これは，全炭素数が18で二重結合が3個，二重結合の位置はC9-C10，C12-C13，C15-C16にあるという意味で，この脂肪酸はα-リノレン酸である（図8・24）．

*1　p.71のオレイン酸を参照．

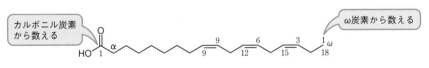

図 8・24　α-リノレン酸の構造

（吹き出し）カルボニル炭素から数える

（吹き出し）ω炭素から数える

　なお，化学では上記のようにカルボニル炭素からカウント（黒い番号付け）するが，生理学者はアルキル基の末端メチル（ω炭素[*2]）からカウント（赤い番号付け）する．この数え方を用いるとω末端から，最初の二重結合が3番目（n-3）の炭素−炭素結合に現れる．そのため，α-リノレン酸を**ω-3脂肪酸**（n-3脂肪酸）とよぶ．また同様に，α-リノール酸は，**ω-6脂肪酸**（n-6脂肪酸）とよばれる．栄養学，生理学ではよく使われるので覚えておこう．なお，リノール酸や

*2　ω（オメガ）はギリシャ文字で，表3・3で学んだように"最後"という意味に使われる．

α-リノレン酸はヒト体内では合成できないため, 食物から摂取しなければならない**必須脂肪酸**である.

2) **ろう（ワックス）** ろう（ワックス）は非常に炭素数の多い（つまり疎水性がより強い）, 脂肪酸と一価アルコールのエステルである. 水をはじく性質からワックスとして利用され, 身近なものではロウソクやミツバチの巣材の蜜蝋〔主成分はパルミチン酸ミリシル（図8・25）, 化粧品に利用される〕がある.

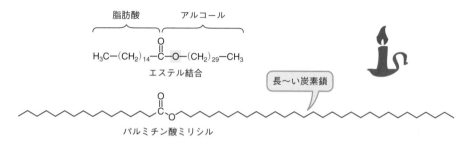

図 8・25 パルミチン酸ミリシルの構造

3) **リン脂質** **リン脂質**はリン酸を結合した脂質のことである（図8・26）. **グリセロリン脂質**は細胞膜の主成分であり, グリセロールに二つの脂肪酸と, 一つのリン酸がエステル結合した**ホスファチジン酸**を基本骨格とする. リン酸は多くの負電荷をもつので高い親水性, 脂肪酸部分は疎水性である. グリセロリン脂質にはリン酸の先（図8・26のX部分）にさまざまな化合物がついたさまざまなグリセロリン脂質（ホスファチジルコリン, ホスファチジルエタノールアミン, ホスファチジルセリン, ホスファチジルイノシトールなど）がある.

細胞膜構成成分としては, このほか**スフィンゴリン脂質**や**糖脂質**もある. **スフィンゴリン脂質**はスフィンゴシンを基本骨格として, 脂肪酸によるアミド形成（セラミド）, さらにはリン酸エステル化した構造をもつリン脂質である. **糖脂質**はホスファチジン酸のリン酸の代わりにヘキソース（おもにガラクトース）が結合した構造をもっている.

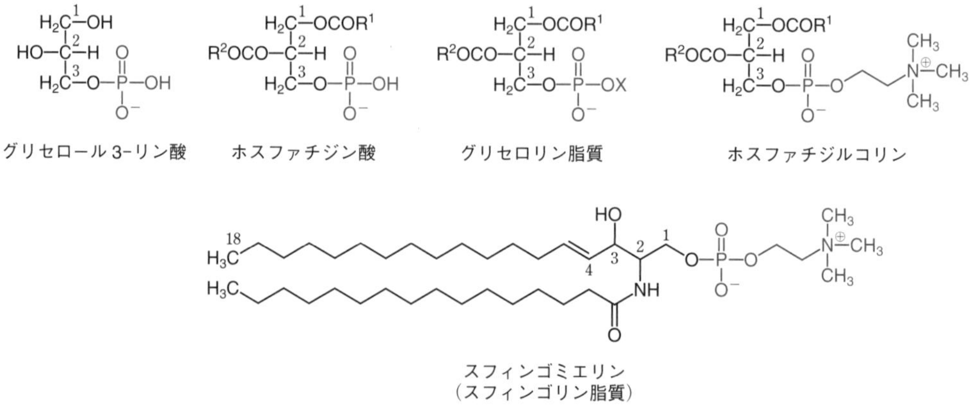

グリセロール 3-リン酸   ホスファチジン酸   グリセロリン脂質   ホスファチジルコリン

スフィンゴミエリン
（スフィンゴリン脂質）

図 8・26 リン脂質類の構造

8・3・2　テルペン類

　ステロールやカロテノイドなどは，脂肪酸とは異なるメバロン酸（図8・27）由来の C_5 ユニットからなる化合物が複数結合してつくられる．したがってこれらの化合物は5の倍数の炭素から成り立っていることが多い．メバロン酸由来の化合物群をテルペン類とよぶ．

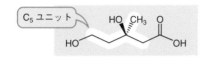

図 8・27　メバロン酸の構造

　テルペン類は，いくつのメバロン酸由来の C_5 ユニットから構成されているかによって，以下のように分類されている．

　2個（$C_5 \times 2$）＝モノテルペン（C10）：植物の香り
　3個（$C_5 \times 3$）＝セスキテルペン（C15）：植物の香り，薬理成分
　4個（$C_5 \times 4$）＝ジテルペン（C20）：薬理成分
　5個（$C_5 \times 5$）＝セスタテルペン（C25）（あまりない）
　6個（$C_5 \times 6$）＝トリテルペン（C30）：ステロール類（脂質），
　　　　　　　　　　　　　　　　　　　　　ステロイドホルモン
　8個（$C_5 \times 8$）＝テトラテルペン（C40）：天然色素（カロテノイド）

各テルペンを代表する化合物の構造を図8・28にまとめた．

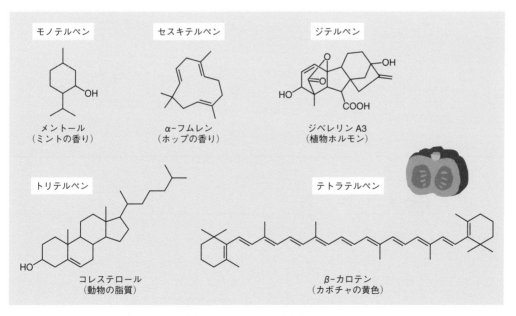

図 8・28　代表的なテルペノイド化合物

アドバンス　ビタミンC，Eは体を酸化から救う

ミトコンドリアではATPの生産過程で有害な活性酸素（$O_2^{\bullet -}$, •OHなど）がどうしても発生する．活性酸素種の最も反応しやすい成分は脂質で，脂質の酸化を抑制するためにわれわれはビタミンCやビタミンEを利用している．

ビタミンC（アスコルビン酸）は下図に示すような反応機構で活性酸素種に水素2H（$2H^+ + 2e^-$）を与えて還元し，無害な水とする．

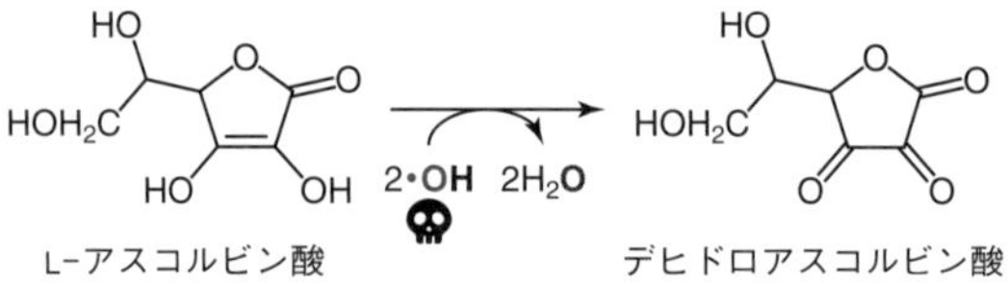

L-アスコルビン酸　　デヒドロアスコルビン酸

ビタミンCのラジカル消去

ビタミンE（トコフェロール類）は下図に示す反応機構で，2分子のラジカル〔おもに脂質が酸化して生じたペルオキシラジカル（図中のLO_2•）〕を引き受けて自身が酸化されることにより，脂質などに生じたラジカル消去を行う．

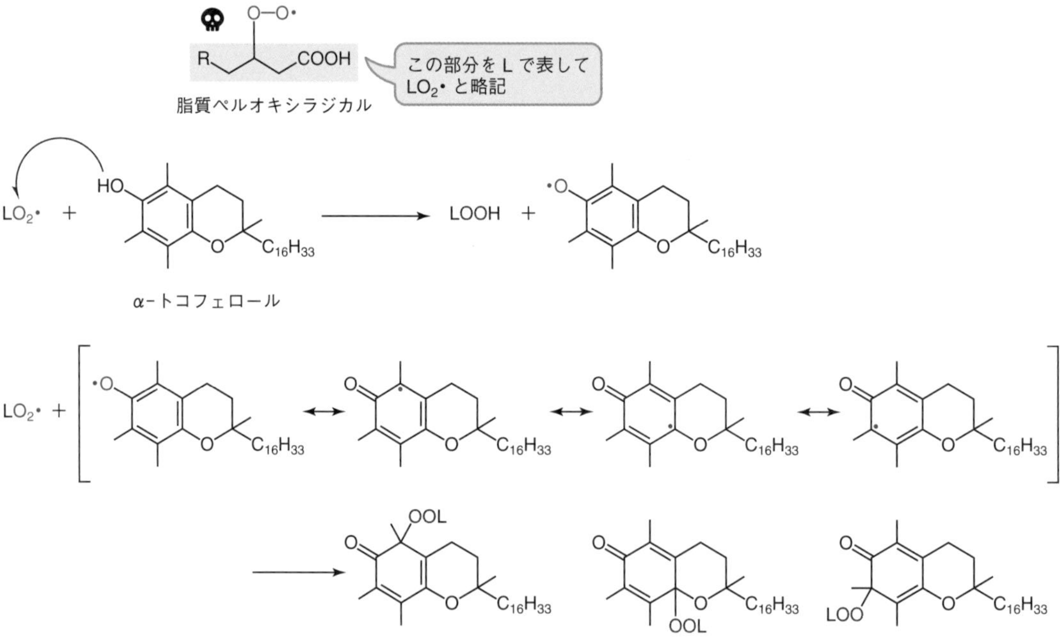

ビタミンEのラジカル消去

8・4　核　　酸

核酸は生物の遺伝情報の保存と発現を担う重要な生体成分で，糖に核酸塩基*とリン酸基が結合した**ヌクレオチド**が単位である（図8・29a）．糖としてD-リボース（RNA）とD-2-デオキシリボース（DNA）が，塩基としてプリン塩基とピリミジン塩基がある．ヌクレオチドの糖とリン酸がエステル結合で交互につながり，DNAやRNAの**糖-リン酸骨格**を形づくっている（図8・29b）．

*　§7・2で説明したようにアミンやイミンは塩基性を示すため，このような官能基を多くもつ核酸類も塩基性化合物である．ここから核酸塩基とよばれる．

　リン酸基があることで，この骨格は全体に負電荷を帯びることになる．このため，DNA に結合するタンパク質では，DNA 結合部位に正電荷を帯びたアミノ酸を配置しているものが多い．DNA の2本のポリヌクレオチド鎖は塩基部分を内側に向けて，塩基間で水素結合をしている．水素結合が引き合う力はごく弱く*，この"弱い"ことが DNA をほどいたり巻き直したりすることに役立っている．

* §2・3・3 参照.

　RNA も DNA とほぼ同じ構造なので，RNA 同士や RNA と DNA の間でも塩基間の水素結合は同様に形成され，二本鎖になることができる．ただし，RNA の糖には余分の OH 基があり，これが DNA と RNA の化学的性質の違いに大きく影響している．

(a) ヌクレオチド

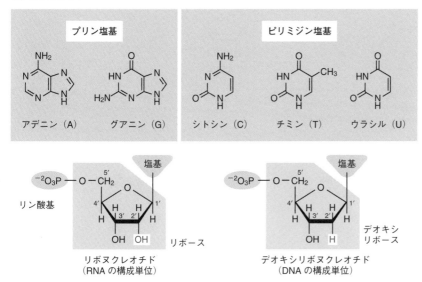

(b) DNA の構造

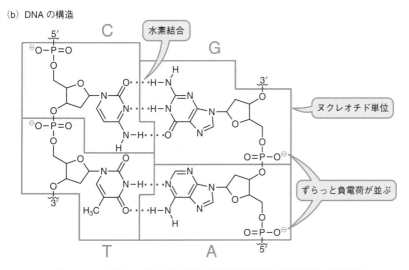

図 8・29　DNA，RNA を構成する各塩基の構造および DNA 鎖の構造

　また，ヌクレオチドの一つ**ATP**（アデノシン 5′-三リン酸）は生体内のエネルギー通貨として最重要である．生物が代謝によって獲得したエネルギーは，ATP の糖（RNA と同じリボースである）の 5 位の先にあるリン酸基同士のエステル結合に蓄えられる（図 8・30）．リン酸基同士の脱水による結合は，同じ酸としての性質をもつもの同士なので，大変起こりにくい反応である（ADP から ATP の合成には大きなエネルギーが必要）．生物は大きなエネルギーをもつ ATP をまずつくり，これを必要な場所で加水分解（ATP → ADP）*して大きなエネルギーを取出すことにより，生命活動に必要な化学反応を起こしている．

*　ATP の T は tri（三つ），ADP の D は di（二つ）の意味で，リン酸基が一つ減る．

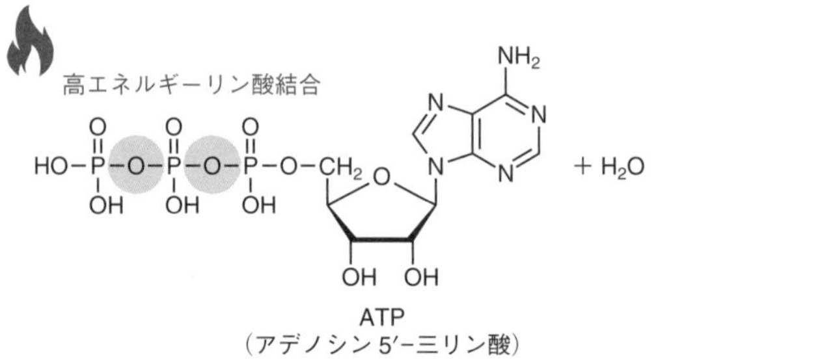

高エネルギーリン酸結合

ATP
（アデノシン 5′-三リン酸）

+ H_2O

高エネルギーリン酸結合

ADP
（アデノシン 5′-二リン酸）

+ H_3PO_4 + 30.5 kJ
（7.3 kcal）

図 8・30　ATP の加水分解反応

食品と化合物　　おいしいものは痛風に注意！

　体内でプリン塩基が余ったとき，ヒトではこれを捨てるために尿酸に加工する．尿酸は水溶性が低いため，血液中に高濃度で存在すると，特に体温の低い末梢部（足先など）で析出しやすい．析出して結晶化した尿酸は血管を傷つけ，炎症をひき起こして痛風発作（足の指先などが腫れて非常に痛い，風が当たっても痛いので痛風とよばれる）を誘発する．さて，イノシン酸を多く含むうまみの強い食品（レバーや肉類）ではイノシン酸がプリン塩基に代謝され，ビールにはプリン塩基が多く含まれている．焼き肉屋でビールは，健康診断で尿酸値が高かった人は気をつけよう！

尿　酸

■ 章 末 問 題

問題 8・1 ★　D-グルコースはアルドース，ケトースのいずれか．また何炭糖である
かを答えよ．

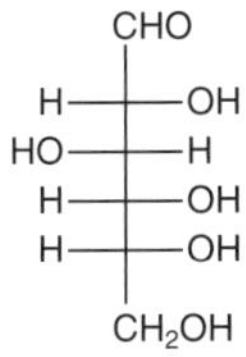

D-グルコース

問題 8・2 ★　D-タロースの β 型環状構造をハース式で記せ．

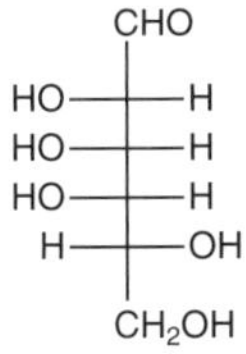

D-タロース

問題 8・3 ★　β-ガラクトピラノースのいす形配座を書き，アキシアル位のヒドロキ
シ基の数を答えよ．

問題 8・4 ★　図 8・18 を参考に D-アラニンの化学構造をフィッシャー投影式で書け．

問題 8・5 ★★　各アミノ酸に存在する COOH，NH_2 基がそれぞれ半分電離する pH
を pK_a という．以下にアスパラギン酸中の各 COOH，NH_2 基の pK_a を示した．pH1，
pH3，pH7，pH12 の水溶液中でアスパラギン酸がおもに存在する形を図 8・20 を参考
に示せ．

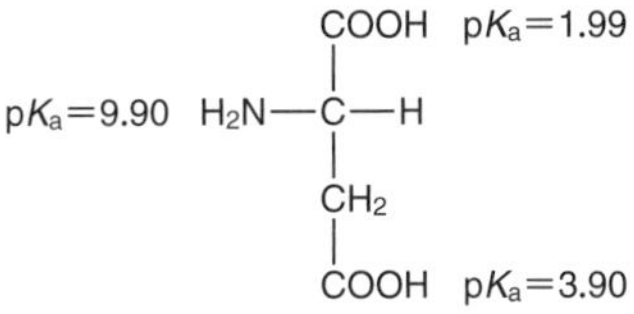

問題 8・6 ★　以下のニシン酸を系統名および §8・3・1 で示した略記法で記せ．

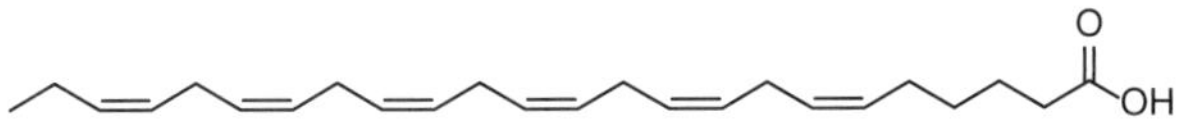

ニシン酸

問題 8・7 ★★　以下の三糖の結合様式を記せ．

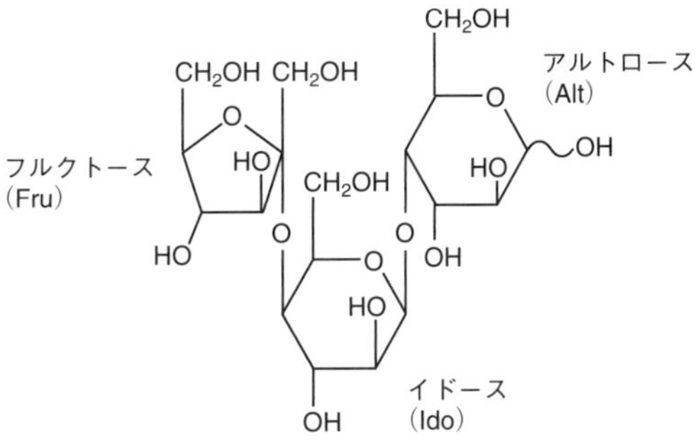

9 生体内の有機化学反応

　生体内では，第8章で説明してきた食物成分を代謝し，おもに解糖系とTCA回路を利用してエネルギーを獲得している（同化）．生化学，栄養学などの講義で，炭水化物，タンパク質，脂質の三大栄養素のおもなエネルギー獲得の反応は，図9・1のように説明されたはずである．この過程を有機化学の視点で少しだけ見てみよう．

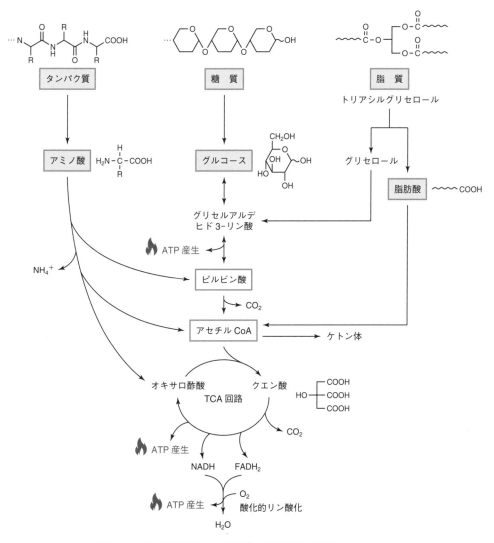

図 9・1　三大栄養素からエネルギーが獲得される経路

9·1　三大栄養素の加水分解反応

a. 炭水化物（糖質）の加水分解　　多くの場合，糖質はグルコースの多糖体（デンプンなど）として生体内に存在する．食事として摂取したデンプンは，アミラーゼ（唾液中）やマルターゼ（小腸）により加水分解を受けて単糖であるグルコースに分解され（図9·2），小腸から吸収される．グルコースは各細胞中で解糖系，TCA回路によりCO_2とH_2Oに分解される．グルコース以外の単糖類は種々の酵素反応によりおもに肝臓でグルコースに変換され，同様の反応で分解される．

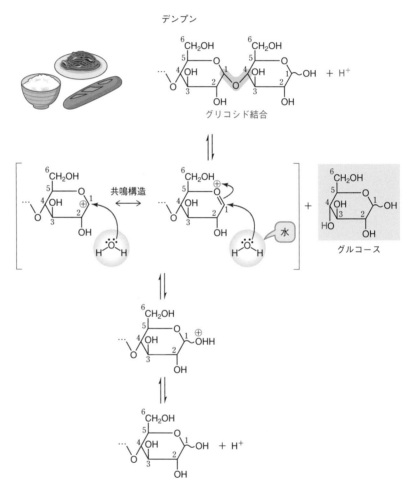

図 9·2　グリコシド結合の加水分解

b. タンパク質，アミノ酸の加水分解　　食事として摂取したタンパク質は，胃や小腸で種々のタンパク質分解酵素による加水分解を受けアミノ酸に分解される（図9·3）．小腸から吸収されたアミノ酸は各細胞に運ばれて別のタンパク質合成の材料として利用されるか，おもに肝臓でアミノ基転位酵素により窒素(N)原子が除かれて解糖系，TCA回路内の化合物となって分解される．

c. 脂質の加水分解　　食事から摂取した中性脂肪（トリアシルグリセロール）は，小腸での分解（リパーゼ）を経て吸収後，再び中性脂肪に再構築され，おもに肝臓でグリセロールと脂肪酸に分解される（図9・4）．グリセロールはグリセロール-3-リン酸となり解糖系→TCA回路で分解され，脂肪酸はβ酸化によりアセチルCoAとなってTCA回路で分解される．複合脂質も中性脂肪に類した経路で分解される．コレステロールはエネルギー源としては利用されず，肝臓で胆汁酸に変換されて排出される．

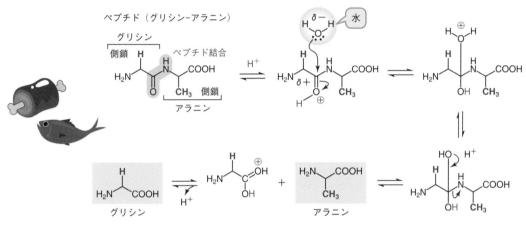

図 9・3　ペプチド結合の加水分解

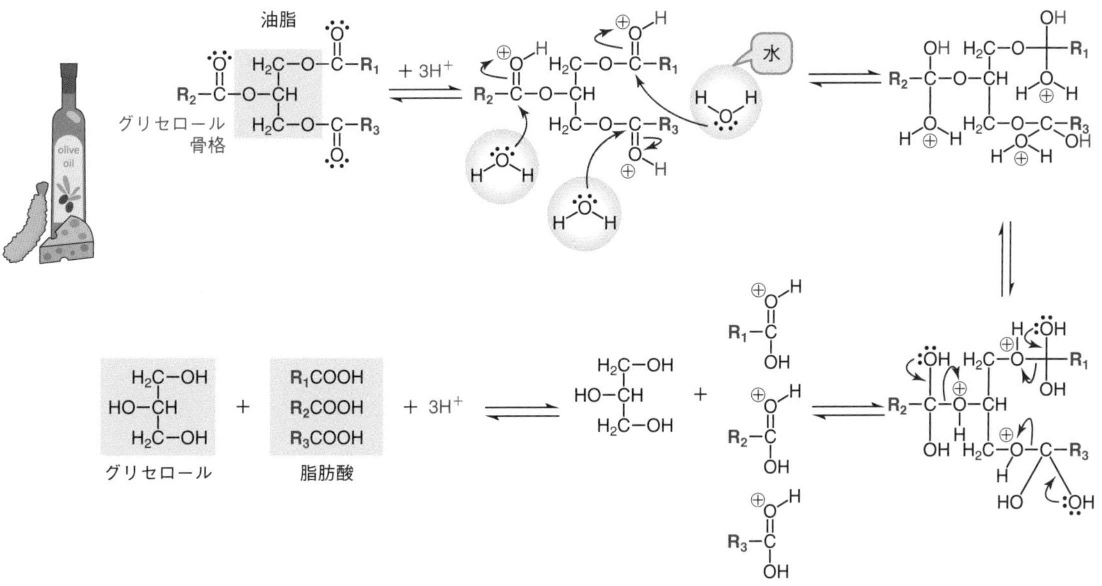

図 9・4　エステル結合の加水分解

9・2 代 謝 マ ッ プ

　生化学や栄養学で学んだ解糖系，TCA サイクル，脂肪酸合成経路を化学反応の視点で見てみよう．

　酵素はとても優れた触媒で，常温常圧という温和な条件で効率良く反応を進行させる．これは人工的な化学反応と比べると魔法のようだと言ってもいい．しかし酵素反応も有機化学反応であることに変わりはなく，電子の授受の法則に従って順々に結合を組換えている．本書の範囲ですべての反応を詳細に解説することは困難なので，ここではどのような結合の組換え（化学反応）が行われているかを紹介するにとどめ，食物栄養学を学ぶ学生に理解しておいてほしいいくつかの反応についてのみ，節の最後に反応機構を示した．

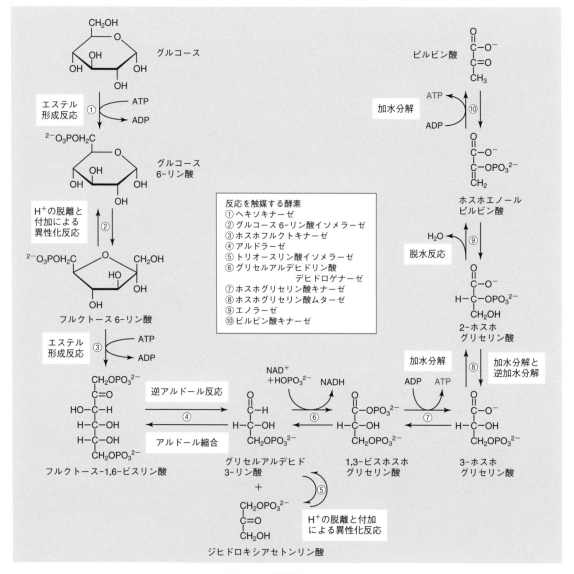

図 9・5　解糖系の反応

　解糖系の各酵素反応を図9・5に示す．六炭糖のグルコースを原材料に三炭糖のピルビン酸までいく過程で，さまざまな化学反応を経ていることがわかるだろう．酵素もグルコースから一気にピルビン酸をつくることはできない．やっていることは，ATPを使ってグルコースにリン酸基を2個くっつけてから三炭糖に分け，さらにリン酸基をくっつけたのち，リン酸基をADPに返してATPを再生する．このリン酸基の受け渡しをエネルギー的に無理なく進めるために①〜⑩までの化学反応を順々に進めていく．六炭糖を真ん中でちぎって三炭糖にする④の反応は，7章で学んだアルドール縮合の逆行反応である．

　TCA回路（トリカルボン酸回路）の各酵素反応を図9・6に示す．トリカルボ

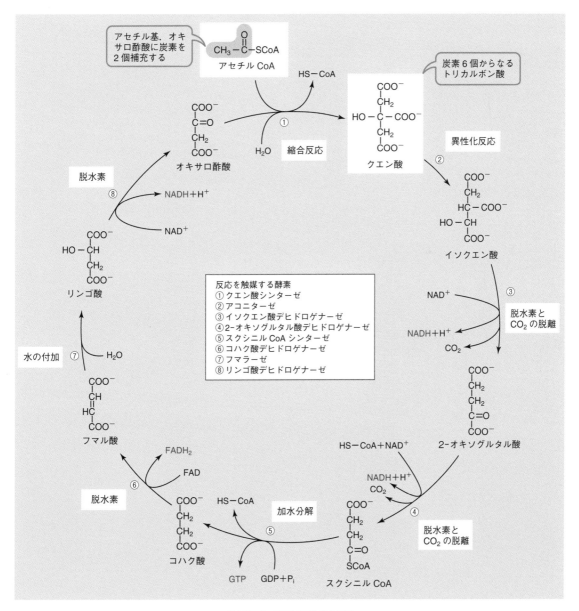

図 9・6 TCA回路の反応

ン酸で炭素6個から成るクエン酸から炭素（骨格を成すC）が二つ取外されてジカルボン酸で炭素4個のオキサロ酢酸となり，そこにアセチルCoAから2個のCが補充されてクエン酸が再生するまでの一つ一つの化学反応を追ってみてほしい．

　生体内で生合成される脂肪酸は，アセチルCoAを材料として，図9・7に示す化学反応経路でつくられる．アセチル基をどんどんつなげて炭素骨格を伸ばしていくこの反応の要は，7章で学んだクライゼン縮合である．クライゼン縮合やアルドール縮合は，生物が異化や同化の過程で炭素−炭素結合をつくったり切断したりするときによく用いる化学反応であり，脂肪酸の生合成以外にコレステロール生合成などでも利用されている．

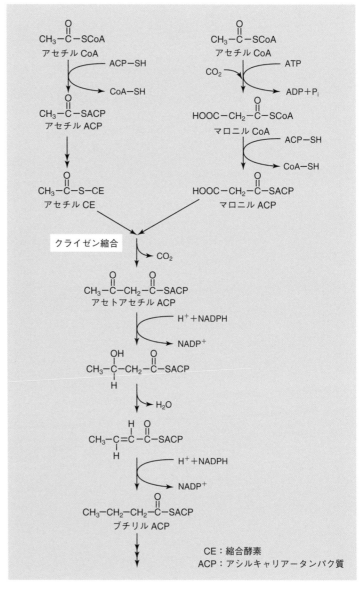

図 9・7　脂肪酸の生合成反応

さて，実際にいくつか反応機構を見てみよう．解糖系におけるアルドラーゼ
（図9・5④）が触媒する反応は，図7・24で学んだアルドール縮合とその逆行反
応である（図9・8）.

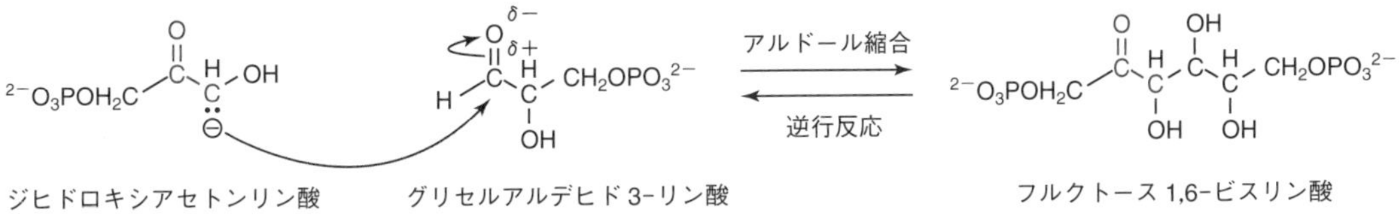

図 9・8　アルドラーゼによる反応

また，TCA回路におけるクエン酸シンターゼ（図9・6①）の反応も，図9・9
に示すようにアルドール反応に類似の化学反応である.

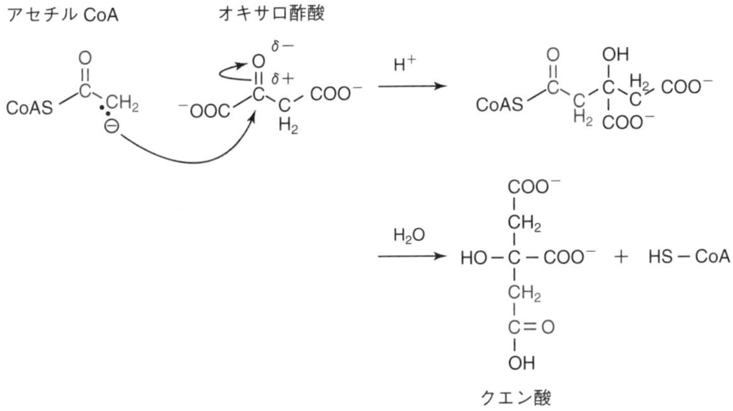

図 9・9　クエン酸シンターゼの反応

脂肪酸合成経路（図9・7）中で，アセチル CE とマロニル ACP からアセトア
セチル ACP がつくられる反応はクライゼン縮合（図7・33）である．反応機構
を図9・10に示す.

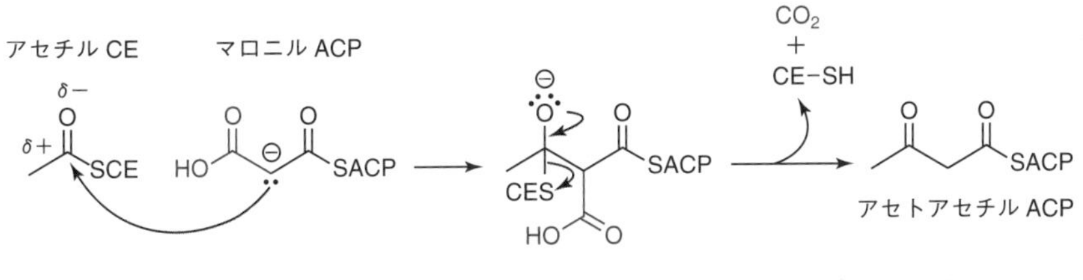

図 9・10　アセチル CoA とマロニル CoA の反応機構（クライゼン縮合）

生化学や栄養学で学ぶ"代謝"とは，有機化学反応の連なりであることがイ
メージできただろうか．ある化合物の結合を切ったりつなげたり，官能基を付け
たり外したり，一つ一つ電子の授受を行って生命は目的の物質をつくり出してい
る．私たちが美味しく食べて，楽しく動き，生きているすべての基盤は有機化合
物の変化なのである.

章末問題の解答と解説

問題 1・1

(a) CH₃−CH＝CH−CH₂−CH₂−CH₃

$$CH_3-CH=CH-CH_2-CH_2-CH_3$$

(b) CH₃−CH₂−O−CH₂−CH₂−CH₃

$$CH_3-CH_2-O-CH_2-CH_2-CH_3$$

(c) $CF_3-O-\overset{O}{\underset{}{C}}-CH_3$

CF_3 （または F_3C のエステル型）

問題 1・2

(a) −SH スルファニル基

−COOH カルボキシ基

−NH₂ アミノ基

(b) $-\overset{O}{\underset{}{C}}-O-$ エステル結合， −O− エーテル結合

(c) −OH ヒドロキシ基， −NO₂ ニトロ基

問題 1・3

(a) メタノール

CH_3OH

(b) アセトアルデヒド

CH_3COH

(c) ギ 酸

$HCOOH$

(d) 酢 酸

CH_3COOH

(e) アニリン

$C_6H_5NH_2$

問題 1・4　CH₃CH₂OH と CH₃OCH₃
アルコール　　エーテル

このように分子式は同じだが異なる官能基を有する化合物同士を官能基異性体という．

問題 1・5

(a)

(b) $CH_3CH_2CH_2-Br$ 　　 CH_3CHCH_3（Br）

(c) $CH_3CH_2CH_2-NH_2$ 　　 CH_3CHCH_3（NH₂）

CH_3CH_2-NH（CH₃）　　 CH_3-N-CH_3（CH₃）

問題 1・6

(a)　　　　　　　　　(b)

(c)　　　　　　　　　(d)

問題 2・1 ボーアモデルについては図 2・1 を参照.
(a) $1s^2 2s^2 2p^4$ 　　　　　　(b) $1s^2 2s^2 2p^6 3s^2 3p^3$
(c) $1s^2 2s^2 2p^6 3s^2 3p^4$

問題 2・2
(a) 価電子 4，共有電子対 4，孤立電子対 0
(b) 価電子 7，共有電子対 1，孤立電子対 3
(c) 価電子 8，共有電子対 0，孤立電子対 4

問題 2・3

(a)

(b) H₃C-S̈-S̈-CH₂-CH=CH₂

(c)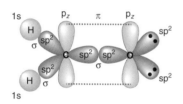

問題 2・4　C=O 二重結合があるので，C は sp^2 混成軌道で結合を形成している．sp^2 混成の一つと p_z で C=O 結合が形成されており，残る sp^2 混成二つと H の 1s が結合している．電子軌道図は下図となる．

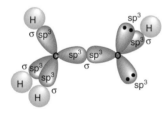

sp^2 混成軌道は平面上に 120°ずつ展開しているので，結合角は 120°程度と予想される．結合に関与していない O の sp^2 軌道二つは孤立電子対である．

問題 2・5　メタノール中には二重結合はないので，C も O も sp^3 混成軌道で結合を形成している．下図のようになる．

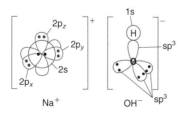

sp^3 混成軌道は 109.5°の結合角であるので，H-C-O も同様の結合角と予想される．結合に関与していない O の sp^3 軌道二つは孤立電子対である．

問題 2・6

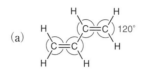

問題 2・7　(a) と (d)

問題 2・8

(a)

(b)

問題 2・9　N は sp^2 混成軌道で結合しているので，N-O-N の結合角は 120°程度と予想される．

$O=N-O^-$　⟷　$^-O-N=O$

第 3 章　有機化合物の命名法
　　　（アルカン，アルケン，アルキン）

問題 3・1　(a) オクタン octane
(b) 5-エチル-2-メチルオクタン
　　5-ethyl-2-methyloctane
(c) 2,4,5,6-テトラメチルオクタン
　　2,4,5,6-tetramethyloctane
(d) 6-メチル-2-ヘプテン
　　6-methyl-2-heptene
　　（6-methylhept-2-ene）
(e) 6-メチル-1,5-ヘプタジエン
　　6-methyl-1,5-heptadiene
　　（6-methylhepta-1,5-diene）
(f) 2-メチル-1,3,6-ヘプタトリエン
　　2-methyl-1,3,6-heptatriene
　　（2-methylhepta-1,3,6-triene）
(g) 7-エチル-4-ノニン
　　7-ethyl-4-nonyne
　　（7-ethylnon-4-yne）
(h) 7-エチル-2,4-ノナジイン
　　7-ethyl-2,4-nonadiyne
　　（7-ethylnona-2,4-diyne）
(i) 3-エチル-1,5-ノナジイン
　　3-ethyl-1,5-nonadiyne
　　（3-ethylnona-1,5-diyne）
(j) 5-メチル-1-ヘキセン-3-イン
　　5-methyl-1-hexen-3-yne
　　（5-methylhex-1-en-3-yne）

(k) 2-メチル-1,5-ヘキサジエン-3-イン

　　2-methyl-1,5-hexadien-3-yne

　　(2-methylhexa-1,5-dien-3-yne)

(l) 2-メチル-1-ヘプテン-5-イン

　　2-methyl-1-hepten-5-yne

　　(2-methylhept-1-en-5-yne)

問題 3・2

(a) メチルシクロヘキサン

　　methylcyclohexane

　　(1-methylcyclohexane)

(b) 1,2,4-トリメチルシクロヘキサン

　　1,2,4-trimethylcyclohexane

(c) 1-エチル-2,3-ジメチルシクロヘキサン

　　1-ethyl-2,3-dimethylcyclohexane

(d) 4-エチル-1-シクロペンテン

　　4-ethyl-1-cyclopentene

　　(4-ethylcyclopent-1-ene)

(e) 2-エチル-1,3-シクロペンタジエン

　　2-ethyl-1,3-cyclopentadiene

　　(2-ethylcyclopenta-1,3-diene)

(f) 1-エテニル-1-シクロペンテン

　　1-ethenyl-1-cyclopentene

　　(1-vinyl-1-cyclopentene)

　　(1-ethenylcyclopent-1-ene)

問題 3・3

(a)

(b)

(c)

(d)

(e)

(f)

(g)

問題 3・4

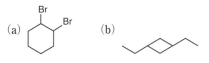

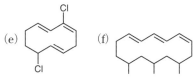

問題 3・5

(a) 3,10-ジエチル-6,7-ジメチルドデカン

　　3,10-diethyl-6,7-dimethyldodecane

(b) 2,5-ジエチル-1-ヘプテン-6-イン

　　2,5-diethyl-1-hepten-6-yne

　　(2,5-diethylhept-1-en-6-yne)

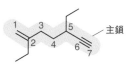

(c) 同じアルカン同士では炭素数の多い方が母体となる．したがって

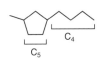

1-ブチル-3-メチルシクロペンタン
1-butyl-3-methylcyclopentane

(d) 二重結合を含む側鎖の優先順位が高いので，この場合は C$_4$ < C$_5$ であっても，butene が母体となる．位置番号は，この二重結合の番号が一番小さくなるように付ける．したがって，

1-シクロペンチル-1-ブテン
1-cyclopentyl-1-butene
(1-cyclopentylbut-1-ene)

問題 3・6

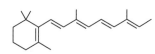

第4章　官能基をもつ有機化合物の命名法

以下の解答では，官能基が存在する炭素番号が1あるいは自明である場合は，すべて-1-を省略してある．たとえば問題4・1で，(a) を 5-methyl-1-hexanoic acid（5-methylhexan-1-oic acid），(b) を 2-butene-1,4-dioc acid，(c) を 3-methylhexan-1-al としても正解である．

問題4・1

(a) COOH があるのでカルボン酸である．

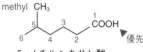

5-メチルヘキサン酸
5-methylhexanoic acid

(b) COOH が二つあるのでジカルボン酸（二酸）．

HOOC $\overset{3}{\diagup}\overset{4}{\diagdown}$COOH　　どちらのカルボキシ基から数えても同じ

2-ブテン二酸
2-butenedioic acid
（but-2-endioic acid）

※なお，二重結合がトランス体だと慣用名はフマル酸 fumaric acid である．

(c) CHO が優先官能基なのでアルデヒドである．

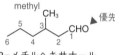

3-メチルヘキサナール
3-methylhexanal

(d) CHO が優先官能基なのでアルデヒドである．

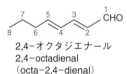

2,4-オクタジエナール
2,4-octadienal
（octa-2,4-dienal）

(e) COOH があるのでカルボン酸である．CHO の C=O をカルボニル基として扱うと主鎖の炭素数は 5．

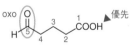

5-オキソペンタン酸
5-oxopentanoic acid

CHO をホルミル基として扱うと主鎖の炭素数は 4 となりブタン酸の 4 位にホルミル基がついたという命名になる．

formyl OHC $\overset{5}{\diagup}\overset{3}{\diagdown}\overset{1}{\diagup}$COOH　優先

4-ホルミルブタン酸
4-formylbutanoic acid

(f) COOH があるのでカルボン酸である．3位と4位に二つのホルミル基がついていると命名するのが簡単．

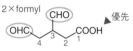

3,4-ジホルミルブタン酸
3,4-diformylbutanoic acid

(g) C=O が優先官能基なのでケトンである．この C が一番小さくなるように位置番号をふる．

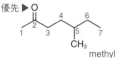

5-メチル-2-ヘプタノン
5-methyl-2-heptanone
（5-methylheptan-2-one）

(h) C=O が二つ（di）あるケトン．この C が小さくなるように番号をふるが，この場合はどちらから数えても同じ．

2,11-ドデカンジオン
2,11-dodecanedione
（dodecane-2,11-dione）

(i)

シクロヘキサ-2,5-ジエン-1,4-ジオン
cyclohexa-2,5-diene-1,4-dione
（慣用名: *p*-キノン *p*-quinone,
1,4-ベンゾキノン 1,4-benzoquinone）

(j) COOH が優先官能基．C=O はカルボニル基として命名する．5-methyl と 4-oxo はアルファベット順の原則で methyl を先に置く．

5-メチル-4-オキソヘプタン酸
5-methyl-4-oxoheptanoic acid

(k) OH があるのでアルコールである．OH の根元が一番小さくなるように位置番号をふる．

2-ペンタノール
2-pentanol

(l) OH が優先官能基なのでアルコールである.

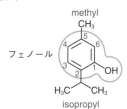

4-メチル-2-ヘキセノール
4-methyl-2-hexenol
（4-methylhex-2-enol）

(m) OH が優先官能基なのでアルコールである.

4-メチルシクロヘキサノール
4-methylcyclohexanol

(n) C=O があるのでケトンである. OH をヒドロキシ基として命名する. 位置番号は C=O が一番小さくなるようにふる.

5-ヒドロキシ-2-ヘプタノン
5-hydroxy-2-heptanone
（5-hydroxyheptan-2-one）

(o) 母体をフェノールとして命名すると, OH の根元が1位となる. 最初の置換基の位置番号が小さくなるようにふる. 2-isopropyl と 5-methyl はアルファベット順に置く.

2-イソプロピル-5-メチルフェノール
2-isopropyl-5-methylphenol

一方, 母体をトルエンとして命名すると CH₃ の根元が1位となる. ただし, IUPAC ではトルエンよりフェノールを母体とすることが優先されている.

3-ヒドロキシ-4-イソプロピルトルエン
3-hydroxy-4-isopropyltoluene

※慣用名はチモール thymol. アジョワンという香辛料の主成分. 古くより精油が消毒剤として使われ, 欧州や多くの国で“チモール油”として家庭常備薬となっている.

(p) SH があるのでチオールである. SH の根元が一番小さくなるように位置番号をふる.

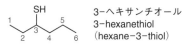

3-ヘキサンチオール
3-hexanethiol
（hexane-3-thiol）

(q) COOH が優先官能基なのでカルボン酸である. SH をスルファニル基として命名する.

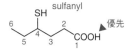

4-スルファニルヘキサン酸
4-sulfanylhexanoic acid

(r) NH₂ があるのでアミンである. NH₂ の根元が一番小さくなるように位置番号をふる.

3-ヘキサンアミン
3-hexanamine
（hexan-3-amine）

(s) 第二級アミンである. 主鎖は炭素3個のプロパンで, メチル基が N についている.

N-メチルプロパンアミン
N-methylpropanamine

メチル基がついた第二級のプロピルアミンとして命名してもよい.

N-メチルプロピルアミン
N-methylpropylamine

(t) 第三級アミンである. 二重結合のある炭化水素鎖を主鎖とする. 二重結合の位置を表す-1-を省略しないよう注意.

N-メチル-N-プロピル-1-プロペンアミン
N-methyl-N-propyl-1-propenamine
（N-methyl-N-propylprop-1-enamine）

(u) OH が優先官能基なのでアルコールである. NH₂ をアミノ基として命名する. 位置番号は OH の根元が一番小さくなるようにふる.

3-アミノ-4-オクタノール
3-amino-4-octanol
（3-aminooctan-4-ol）

(v) 芳香族のベンゼンを母体として命名する.

プロピルベンゼン
propylbenzene

(w) 芳香族ベンゼンを母体として命名するのが簡単である. メチル基とアミノ基ではアミノ基の優先順位が上なので, アミノベンゼンとし, メチル基を置換基として扱う.

3-メチルアミノベンゼン
3-methylaminobenzene

※慣用名は m-トルイジンで, 瞬間接着剤に必須の溶剤である.

アニリンを母体として命名すると, 3-methylaniline, トルエンを母体とすると 3-aminotoluene となる. さらに, ベンゼンにアミノ基とメチル基が結合していると考えれば 1-amino-3-methylbenzene となる.

(x) ベンゼンを母体として, アセチル基を置換基として命名する (表4・3参照).

アセチルベンゼン
acetylbenzene

※慣用名はアセトフェノン. 香料の合成原料.

(y) C=O が優先官能基なのでケトンである. この C が一番小さくなるように番号付けをする.

7-アミノ-1-ヒドロキシ-8-ノネン-4-オン
7-amino-1-hydroxy-8-nonen-4-one
(7-amino-1-hydroxynon-8-en-4-one)

(z) OH が優先官能基なのでアルコールである. 二重結合の位置は右回りでも左回りでも同じなので, 置換基の番号が小さくなるようにふる.

2-アミノ-3-シクロペンテノール
2-amino-3-cyclopentenol
(2-aminocyclopent-3-enol)

問題 4・2

(a) -oic acid なのでカルボン酸である. 主鎖 butane (炭素4個) の1位をカルボキシ基 (COOH) とする (butane に COOH を加えてしまうと炭素数が5個になってしまうので注意).

(b) -al なのでアルデヒドである. 主鎖 methane (炭素1個) の1位を CHO とする.

※37%以上の水溶液を"ホルマリン"という.

(c) -al なのでアルデヒド. 主鎖 2-nonene (炭素9個) で, 2位と3位間が二重結合になる. 二重結合はシスで書いてもトランスで書いてもかまわない.

または

(d) -oic acid なのでカルボン酸である. 2位にホルミル基 (CHO) をつける.

(e) -one なのでケトンである. 2-はカルボニル基 (C=O) の位置を表す (propan-2-one).

(f) -oic acid なのでカルボン酸. 2位をカルボニル基 (C=O) とする.

(g) -di (二つ) ol なので OH が二つついたアルコールである. 1,2-はヒドロキシ基の位置を表す (propane-1,2-diol).

(h) -oic acid なのでカルボン酸. ヒドロキシ基 (OH) を2位につける.

(i) フェノール（phenol）の2位にCl（chloro），4位にプロピル基をつける．OH の根元が1位で，置換基の番号が若くなるようにふる．

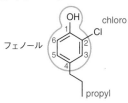

（j）-thiol なのでチオールである．SH の位置を表す 1- は省略されている（3-methybutane-1-thiol）．

（k）-one なのでケトン．4位にメチル基とスルファニル基（SH）をつける．

（l）-amine なのでアミン．3位にアミノ基（NH$_2$）をつける．

（m）3-ヘキサンアミンの4位にメチル基，N にエチル基をつける．

（n）"アルキル基の名称＋アミン" として命名されている（p.57，アミンの命名法(1)②参照）．なお，アミンの命名法(1)① で命名すればN-butylbutanamine である．

（o）エチルアミンの2位に，3,4-ジヒドロキシフェニルをつける．

主構造をベンゼン環として扱うと，名称は 4-(2-aminoethyl)benzene-1,2-diol となる．

（p）-oic acid なのでカルボン酸．2位にアミノ基（NH$_2$）をつける．

（q）-oic acid なのでカルボン酸．2位と5位にアミノ基（NH$_2$）をつける．

問題4・3

（a）ヘキサン酸2分子から水が失われた無水物である．

ヘキサン酸　　　　　ヘキサン酸無水物
hexanoic anhydride

（b）エステルである．エステル炭素を1位とする．

2-オクテン酸エチル
ethyl 2-octenoate

（c）エーテルである．

エチルフェニルエーテル
ethyl phenyl ether

ベンゼン環を主構造として命名すると下記のようになる．

エトキシベンゼン
ethoxybenzene

（d）エーテルである．同一の複雑な（＝長ったらしい）基をもつ化合物の場合は，2: bis（ビス），3: tris（トリス），4: tetrakis（テトラキス），5: pentakis（ペンタキス）…を使って表す（p.59 コラム参照）．

ビス（5-メチル-2-ヘプテニル）エーテル
bis(5-methyl-2-heptenyl)ether
bis(5-methylhept-2-enyl)ether

(e)

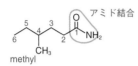

3－メトキシヘキサン
3-methoxyhexane

(f) アミドである．アミド炭素を1位とする．

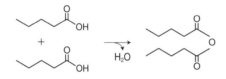

4－メチルヘキサンアミド
4-methylhexanamide

問題 4・4

(a) ペンタン酸2分子から水を除く．

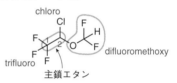

(b) -oate なのでエステルである．ヘキサン酸の OH の先にメチル基をつける．

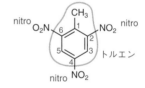

(c) アミドである．アミド炭素を1位とする．

(d) アミドである．エチル基はアミドの窒素 (N) についている．

(e) シクロペンチル基とメチル基をもつエーテルである．

-OCH₃ をメトキシ基として扱えばメトキシシクロペンタンという名称になる．

methoxy

※高沸点型のエーテルで，ペルオキシド（過酸化物＝爆発性）を生じにくく，酸・アルカリでの用途が広い．

(f) ヘキセン（二重結合を表す 1- は省略されている）の4位にメトキシ基，3位にメチル基をつける．

(g) まず主鎖エタンの1位に三つ (tri) の F (fluoro) を，2位に Cl (chloro) をつける．メトキシ基 (-OCH₃) の H を二つ (di) F (fluoro) に置き換えたものを2位につける．

(h) ベンゼン環の1位と2位にメチル基をつける．

(i) トルエン（1-メチルベンゼン）に三つ (tri) のニトロ基 (NO₂) をつける．

問題 4・5
オクタデカンの炭素数は18である（表3・4参照）．カルボン酸 (-oic acid) なので1位を COOH とする．9-オクタデセン (-ene) なので二重結合が9位と10位の間にある．

問題 4・6

(a) 6-(2,3-diethylcyclopent-2-enyl)-7,7,10,10-tetraethylcyclodec-8-en-2,4-diyn-1-ol

(b) Cowenynenynol. Cow は Deer でも Ox でも見えた動物名でかまわない．

第5章　立体化学

問題 5・1　(a) と (c).

(a)

H₃C ... Cl / シス (cis)　　トランス (trans)

（構造式）

シス (cis)　　　　トランス (trans)

(b)

二重結合の片側の置換基が
同じ H なので幾何異性体は
存在しない

（構造式）CH₂Br

(c)

H₃C ... CH₂I / H₃C ... H

シス (cis)　　　　トランス (trans)

問題 5・2　(b) と (c).

(a)

C1 の置換基が同じ H なので
幾何異性体は存在しない

（構造式）

(b)

シス (cis)

トランス (trans)

(c)

シス (cis)　　　　トランス (trans)

(d)

C2 の置換基が同じ CH₃ なので
幾何異性体は存在しない

問題 5・3　(d) のみ.

(a)

C1 の置換基が同じ
H なので幾何異性体
は存在しない

(b)

C3 の置換基が
同じ CH₃CH₂ なの
で幾何異性体は存
在しない

(c)

C2 の置換基が同じ CH₃ なの
で幾何異性体は存在しない

(d)

Z　　　　　　E

C2 の置換基では CH₃＞H
C3 の置換基では CH₃CH₂＞CH₃
したがって左が Z, 右が E.
C3 に H がないのでシス-トランス異性ではない.

問題 5・4　カーン・インゴールド・プレログ則に従っ
て考える.

(a) CH₃＞H なので, 優先される置換基は二重結合の
同じ側で Z, また置換基の一つが共に H であるの
でシス-トランス表記もできて cis.

(b) C＞H, Br＞C なので, 優先される置換基は二重
結合の反対側で E. 二重結合の片側の C には H が
結合していないためシス-トランス表記はできな
い.

(c) O＞C, CH₂CH₃＞CH₃ なので, 優先される置換
基は二重結合の同じ側で Z. 二重結合の両側の C に
は H が結合していないためシス-トランス表記はで
きない.

問題 5・5

(a) 直接結合している置換基の原子は C ですべて同じ. そこでこの C に結合する原子で順位を比べる. 優先順位順に並べると,

－CH(CH₃)₂ : C, C, H

－CHClCH₃ : Cl, C, H 　高

－CH₂CH₂Br : C, H, H

(b) 直接結合している置換基の原子は C ですべて同じで, さらにこの C に結合する次の原子もすべて同じ. そこで次に結合する原子のうち最も優先順位の高い C のさらに先の原子で順位を比べる. 優先順位順に並べると,

－CH₂CH 　　　 : C, C, H

－CH₂CH(CH₃)₂ : C, C, H

－CH₂C≡CH 　 : C, C, C 　高

(c) 直接結合している原子が違う. O, N, C を比べて最も原子番号の大きい －OCH₃ が最も優先順位が高い.

(d) 直接結合している置換基の原子は C ですべて同じ. そこでこの C に結合する次の原子で順位を比べる. 優先順位順に並べると,

二重結合なので O が 2 個と考える

－C－CH₃ 　　 : O, O, C

－C－O－CH₃ : O, O, O 　高

－C－N－CH₃ : O, O, N

問題 5・6 どちらも S 体.

不斉炭素の置換基のうち, 最も優先順位の低い ④ が自分から離れ, 残りの優先順位 ①, ②, ③ の置換基が自分に向かってせり出すように配置して判定する. そのためには (a) は構造式を紙面下側から, (b) は紙面右側から見ればよい.

(a)

(b)

反時計回りなので S 体

問題 5・7 (a) (2Z,5E)-octa-2,5-diene

(b) (E)-7-methylocta-1,5-dien-3-yne

(c) (S)-2-methylbutan(-1-)ol

(d) (R,3E,5E)-2-amino-5,7-dimethylocta-3,5-dienoic acid

(e) (R,Z)-7-methylcyclooct-2-en(-1-)one

問題 5・8

(a) 基本骨格はヘプタン heptane であり, hepta-3,5-dienyne (hepta-3,5-dien-1-yne の -1- が省略されている) なので, C1-C2 の結合が三重結合, C3-C4 の結合は二重結合で E 配向, C5-C6 の結合は二重結合で Z 配向である. したがって全体構造は,

(b) まず不斉炭素である C2 を中心に平面構造を考える. 基本骨格はプロパン酸 propanoic acid

（propan-1-oic acid）であるので，炭素番号を付記して書けば以下となる．

$$\overset{3}{CH_3}-\overset{2}{CH_2}-\overset{1}{COOH}$$

次に置換基を考える．2-アミノ，3-ヒドロキシであるので，平面構造は以下に決まる．

$$\overset{3}{CH_2}-\overset{2}{CH}-\overset{1}{COOH}$$
$$\;\;|\qquad|$$
$$\;\;OH\;\;NH_2$$

最後に立体を考える．C2の炭素の置換基は，順位則に従って優先順位順に NH_2，COOH，CH_2OH，H である．図 5・14 で学んだように最も優先順位の低い H を紙面の裏側に置き，S 体であるので，NH_2，COOH，CH_2OH を反時計回りに配置する．

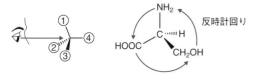

これをフィッシャー投影式で示すときは，COOH を上にして炭素骨格 $HOOC-C-CH_2OH$ の結合を上下に書く．COOH と CH_2OH は紙面の裏側，置換基 H，NH_2 は手前である．

COOH フィッシャー投影式

（c）

（d）

（e）

（f）

（g）

問題 5・9　乳酸の立体異性体をフィッシャー投影式で書くと，以下の 2 種類となる．

Ⓐ　　　　　　　Ⓑ

Ⓐは，

であるので，優先順位の最も低い H（④）を自分から離し，残りの ①，②，③ が自分にせり出すように紙面右裏側から眺める．

時計回りなので R 体

Ⓑも同様に，優先順位の最も低い H（④）を自分から離し，残りの ①，②，③ が自分にせり出すように紙面左裏側から眺める．

反時計回りなので S 体

問題 5・10

（a）2-クロロシクロヘキサノール：4 種類

（b）4-クロロシクロヘキサノール：2 種類

問題 5・11 3個.

$$
\begin{array}{ccc}
\underset{\text{COOH}}{\overset{\text{COOH}}{\text{H--OH}}} & & \\
\end{array}
$$

(Fischer projections)

COOH	COOH	COOH	(COOH
H—OH	HO—H	H—OH	≡ HO—H
HO—H	H—OH	H—OH	HO—H
COOH	COOH	COOH	COOH)

メソ体

問題 5・12 フィッシャー投影式に合わせて構造を書くには，紙面の水平線に沿って上側から見る．

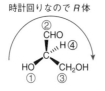

そうすると，

$$
\begin{array}{c}
\text{CHO} \\
\text{H--C--OH} \\
\text{CH}_2\text{OH}
\end{array}
\equiv
\begin{array}{c}
\text{CHO} \\
\text{H--OH} \\
\text{CH}_2\text{OH}
\end{array}
$$

フィッシャー投影式

立体異性を考えるために各置換基に順位をつける．

$$
\begin{array}{c}
② \text{CHO} \\
④ \text{H--C--OH} ① \\
\text{CH}_2\text{OH} \\
③
\end{array}
$$

最も優先順位の低い H（④）が自分から遠ざかり，残りの①，②，③が自分にせり出すように紙面右裏側から見る．

時計回りなので R 体

$$
\begin{array}{c}
② \text{CHO} \\
\text{H ④} \\
\text{HO} \quad \text{CH}_2\text{OH} \\
① \quad\quad ③
\end{array}
$$

問題 5・13 4種類. 考えられるフィッシャー投影式を書いてみると以下の8種類になる．

CH₃	CH₃	CH₃	CH₃
Br—H	Br—H	Br—H	Br—H
Cl—H	Cl—H	H—Cl	H—Cl
Br—H	H—Br	Br—H	H—Br
CH₃	CH₃	CH₃	CH₃
(1)	(2)	(3)	(4)

CH₃	CH₃	CH₃	CH₃
H—Br	H—Br	H—Br	H—Br
Cl—H	Cl—H	H—Cl	H—Cl
Br—H	H—Br	Br—H	H—Br
CH₃	CH₃	CH₃	CH₃
(5)	(6)	(7)	(8)

180°回転させると，(1)=(8)，(2)=(4)，(3)=(6)，(5)=(7) なのがわかる．したがって下記の4種類となる．

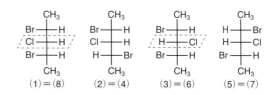

対称面

CH₃	CH₃	CH₃	CH₃
Br—H	Br—H	Br—H	H—Br
Cl—H	Cl—H	H—Cl	H—Cl
Br—H	H—Br	Br—H	Br—H
CH₃	CH₃	CH₃	CH₃
(1)=(8)	(2)=(4)	(3)=(6)	(5)=(7)

ちなみに (1)=(8) および (3)=(6) は対称面をもつメソ体であり，アキラルである．一方 (2)=(4) と (5)=(7) はエナンチオマーの関係にある．

問題 5・14 フィッシャー投影式で書く場合，炭素-炭素結合となる縦方向の記載は C2 に結合した COOH が一番上で，C3 に結合した CH₃ が一番下に来るようにする（上から COOH—C2—C3—CH₃）．まず C2 に注目して，COOH—C2—C3 の結合が上下に並び，かつ C2—COOH および C2—C3 の結合が自分から離れるように，紙面右下から構造式を眺める．

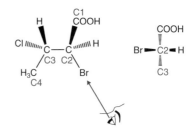

次に C3 に注目し，C2—C3—CH₃ の結合が上下に並び，かつ C3—C2 および C3—CH₃ の結合が自分から離れるように紙面左上から構造式を眺める．

これらを合わせたものがフィッシャー投影式なので，

$$
\begin{array}{c}
\text{COOH} \\
\text{Br—H} \\
\text{Cl—H} \\
\text{CH}_3
\end{array}
$$

C2 の R, S 判定は，最も優先順位の低い置換基である H を自分から遠ざかるように紙面の手前上側から構造式を眺める．

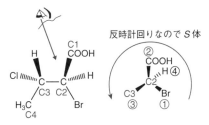

C3 の R, S 判定も同様に構造式を紙面の裏下側から見る.

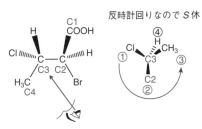

したがって,（2R,3S)-2-ブロモ-3-クロロブタン酸
(2R,3S)-2-bromo-3-chlorobutanoic acid

問題5・15　いす形配座は以下のとおり. 1,3-ジアキシアル相互作用（p.87 コラム）により，大きい置換基であるメチル基がエクアトリアル位にある方が安定である.

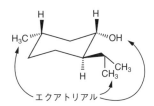

問題5・16　大きな置換基であるイソプロピル基やヒドロキシ基がエクアトリアル配向となるのが安定であるので，いす形配座は以下のようになる.

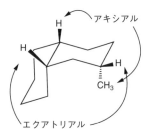

問題5・17　シスデカリン構造であるので，以下の配座となる.

第6章　有機化合物の化学反応

問題6・1
（a）付加反応，（b）置換反応，（c）縮合反応，
（d）酸化反応（自動酸化），（e）置換反応

問題6・2　フェノールのベンゼン環の電荷の分布は図に示すようになる. ベンゼン環への反応は求電子置換反応であるので，δ－ の炭素に置換反応が起こる. したがって反応産物は o-ブロモフェノールあるいは p-ブロモフェノールである.

問題6・3　考え方は問題6・2と同様で，フェノールのベンゼン環の電荷の偏りから以下のようになる.

（a）
（b）
（c）

問題6・4

以下の反応による.

問題 6・5

(a) OH 基はオルト・パラ配向性，NO_2 はメタ配向性なので，両方を満たす→印の炭素が置換反応を起こす．

(b) CHO 基も COOH 基もメタ配向性なので，両方を満たす→印の炭素が置換反応を起こす．

第 7 章 官能基の性質と化学反応

問題 7・1 酸性条件下 CrO_3 による酸化では，第一級アルコールはカルボン酸へ，第二級アルコールはケトンへ酸化される．一方 PCC による酸化では，第一級アルコールはアルデヒドへ，第二級アルコールはケトンへ酸化される．したがって，

(a)
1-ペンタノール $\xrightarrow{CrO_3}$ $CH_3(CH_2)_3COOH$

2-ペンタノール $\xrightarrow{CrO_3}$ $CH_3(CH_2)_2CCH_3$ (=O)

(b)
1-ペンタノール $\xrightarrow{PCC}$ $CH_3(CH_2)_3CHO$

2-ペンタノール $\xrightarrow{PCC}$ $CH_3(CH_2)_2CCH_3$ (=O)

問題 7・2 グルコースは水溶液中で鎖状グルコース構造を介して α-グルコースと β-グルコースが相互変換している．

α-D-グルコース　　鎖状グルコース　　β-D-グルコース

鎖状グルコースの C1 アルデヒドに C5 の OH 基が下部から接近してヘミアセタール構造（環状構造）が形成される場合は図 Ⓐ の反応となり，C1 の OH 基は環の上側に残る（＝β-グルコースとなる）．一方，鎖状グルコースの C1 アルデヒドに C5 の OH 基が上部から接近してヘミアセタール構造（環状構造）が形成

される場合は図 Ⓑ の反応となり C1 の OH 基は環の下側に残る（＝α-グルコースとなる）．

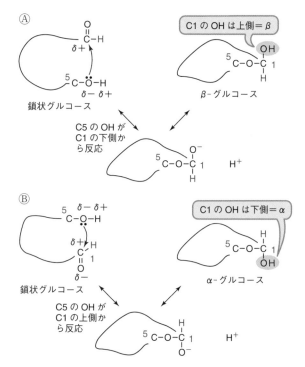

問題 7・3 下図のようにアンモニアの N の孤立電子対に水中の H^+ が配位結合するため，水中の $[H^+]$ より $[OH^-]$ が多くなるから．

問題 7・4

問題 7・5

問題 7・6 反応生成物は四つである．まず，CH_3CHO は塩基性でカルボアニオン $\overset{\ominus}{C}H_2CHO$ となる．これが CH_3CHO，$CH_3CH_2CH_2CHO$ に求核付加反応（アルドール縮合）すると，以下の反応物 1，2 を与える．

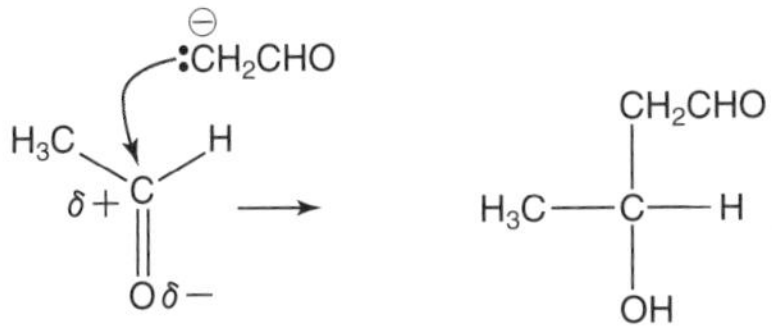

同様に，CH₃CH₂CH₂CHO は塩基性でカルボアニオン CH₃CH₂ĊHCHO となる．これが CH₃CHO，CH₃CH₂CH₂CHO に求核付加反応（アルドール縮合）すると，以下の反応物 3，4 を与える．

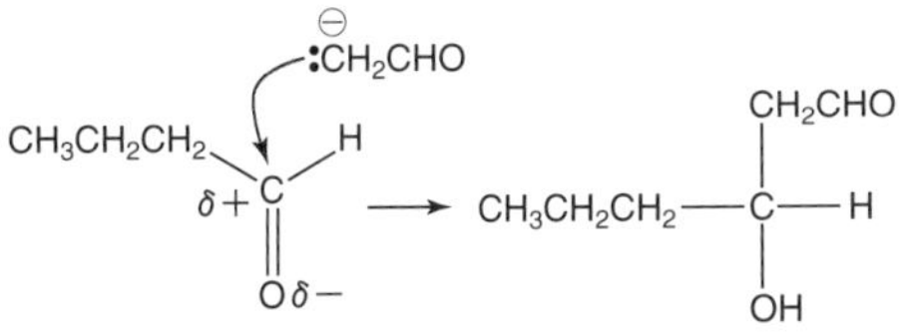

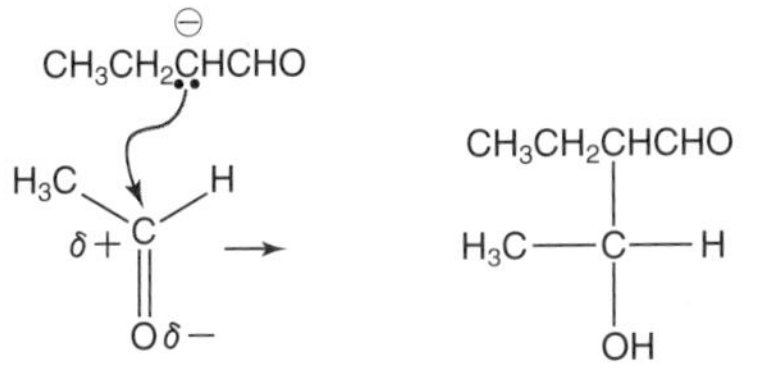

問題 7・7

(a)

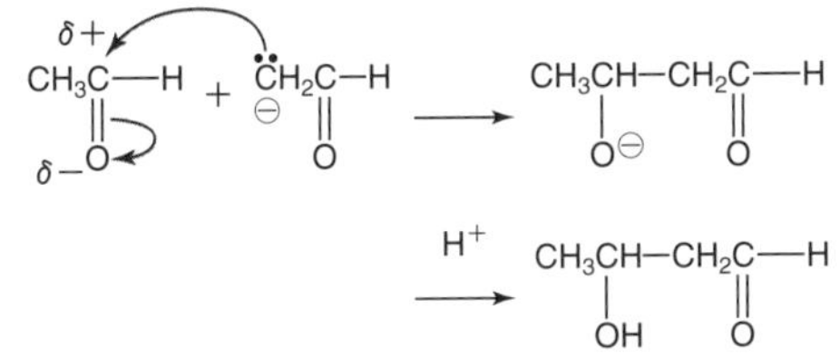

(b)

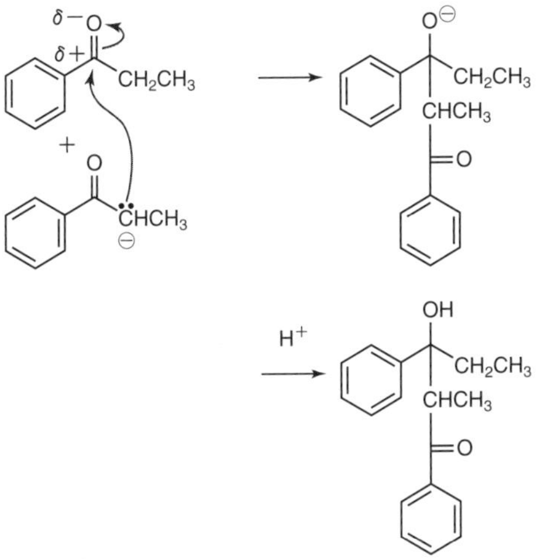

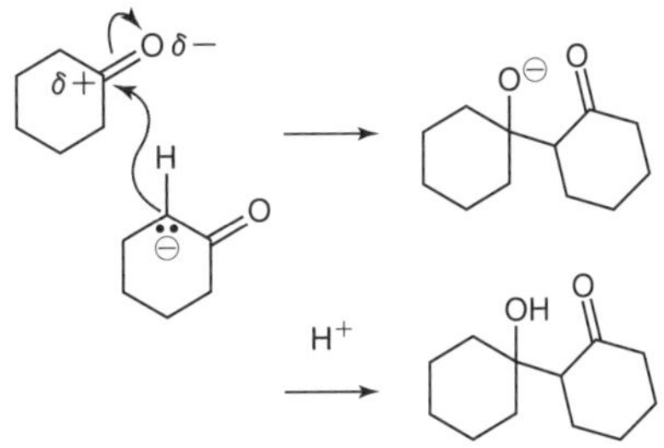

問題 7・8 図 7・27 に示したように H⁺を電離したカルボン酸イオン（COO⁻）は共鳴安定化するため．

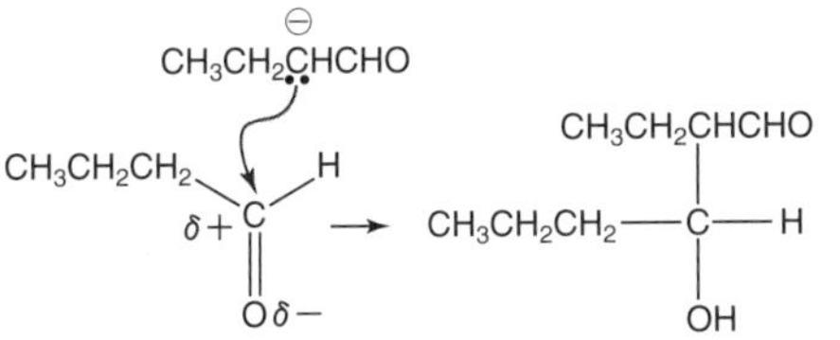

問題 7・9

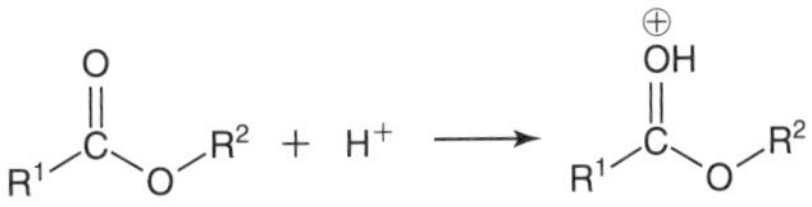

$$R^1\text{--}C(=O)\text{--}O\text{--}R^2 + H^+ \longrightarrow R^1\text{--}C(OH)^+\text{--}O\text{--}R^2$$

問題 7・10 OH⁻の O の電子対をカルボニルの C に供与する反応なので求核反応．

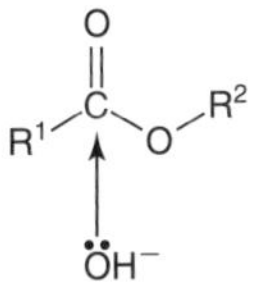

第8章　食品成分の有機化学

問題 8・1 アルドース，六単糖（ヘキソース）

問題 8・2

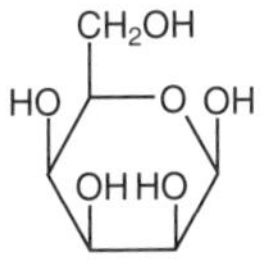

問題 8・3 いす形配座は以下のとおり．アキシアル位ヒドロキシ基の数は 1 個である．

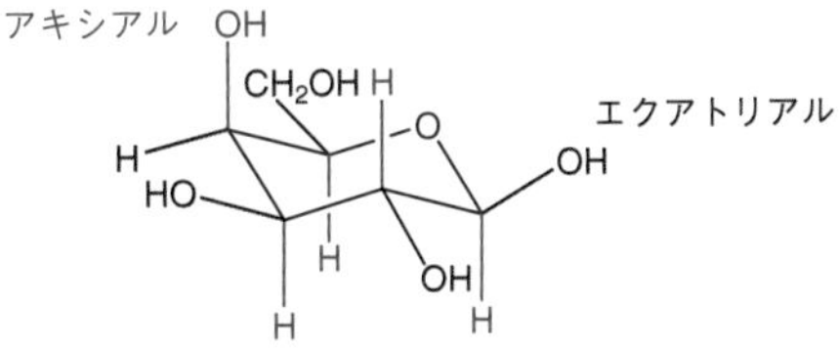

アキシアル　　　　　エクアトリアル

問題 8・4

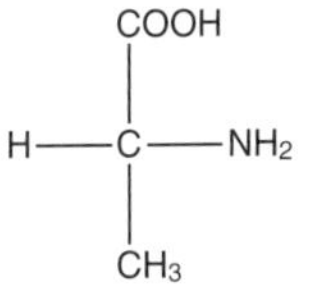

162

問題 8・5

pH=1	pH=3	pH=7	pH=12

問題 8・6 C24 のアルカンはテトラコサン tetracosane である（表 3・4 参照）.

(6Z,9Z,12Z,15Z,18Z,21Z)−6,9,12,15,18,21−テトラコサン酸
(6Z,9Z,12Z,15Z,18Z,21Z)−6,9,12,15,18,21−
　　　　　　　　　　　　　　　tetracosahexaenoic acid
(6Z,9Z,12Z,15Z,18Z,21Z)−tetracosa−
　　　　　　　　　　　　6,9,12,15,18,21−hexaenoic acid
略名: C24:6, $\Delta^{6,9,12,15,18,21}$

問題 8・7

Fru(α2→4)Ido(β1→4)Alt

索　　引

もり みつ やす じ ろう
森 光 康 次 郎

1963 年 北海道に生まれる
1987 年 名古屋大学農学部 卒
現 お茶の水女子大学基幹研究院自然科学系 教授
専門 食品工業化学
博士 (農学)

しん どう かず とし
新 藤 一 敏

1963 年 東京都に生まれる
1985 年 東京大学農学部 卒
現 日本女子大学家政学部 教授
専門 生物有機化学, 天然物化学
博士 (農学)

第 1 版 第 1 刷 2021 年 4 月 20 日 発行

新スタンダード栄養・食物シリーズ 17
有 機 化 学 の 基 礎

© 2 0 2 1

著 者 森 光 康 次 郎
新 藤 一 敏

発行者 住 田 六 連

発 行 株式会社 東京化学同人
東京都文京区千石 3 丁目 36-7 (〒112-0011)
電 話 03-3946-5311・FAX 03-3946-5317
URL: http://www.tkd-pbl.com/

印刷・製本 日本ハイコム株式会社

ISBN978-4-8079-1677-1
Printed in Japan

新スタンダード
栄養・食物シリーズ
― 全 19 巻 ―